高手過招
重機疑難雜症
諮詢室 2

TOP RIDER

流行騎士系列叢書

CONTENTS

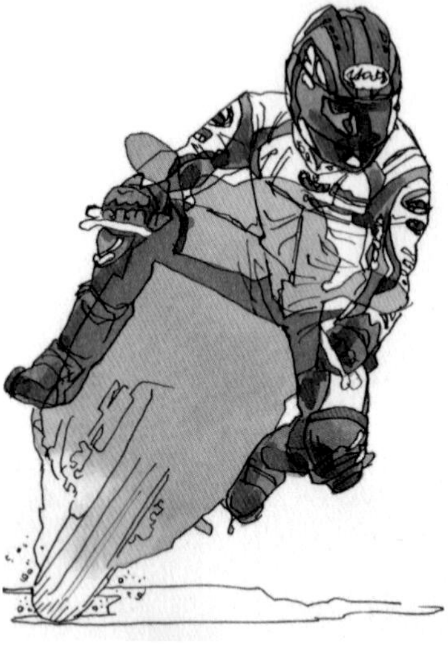

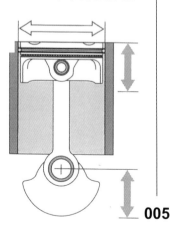

CHAPTER 3

部品篇

摩托車上有著難以細數的部品零件，騎士也有許多人身部品，其設計目的為何？身為騎士又該如何選擇？在騎乘時又該注意什麼？怎麼調整才能讓摩托車更好操駕？詳盡的解答盡在部品篇

093

CHAPTER 4

雜學篇

日本傳奇車手根本健先生擁有一甲子以上的騎乘資歷，參戰過WGP等各大國際賽事，號稱摩托車界的活字典，也被日本車友們尊稱為根本老大，腦海裡所蘊藏的知識可是相當值得一讀呦

113

重機的車款與種類五花八門，光引擎就有單缸到六缸的分別，更別論還有單、雙搖臂，車架、變速箱等零瑯滿目的零件，嚴選各種關於機構的問題，一定能讓每位車友更全方位的了解自己的愛車，增加關於摩托車的小知識

I 機構篇

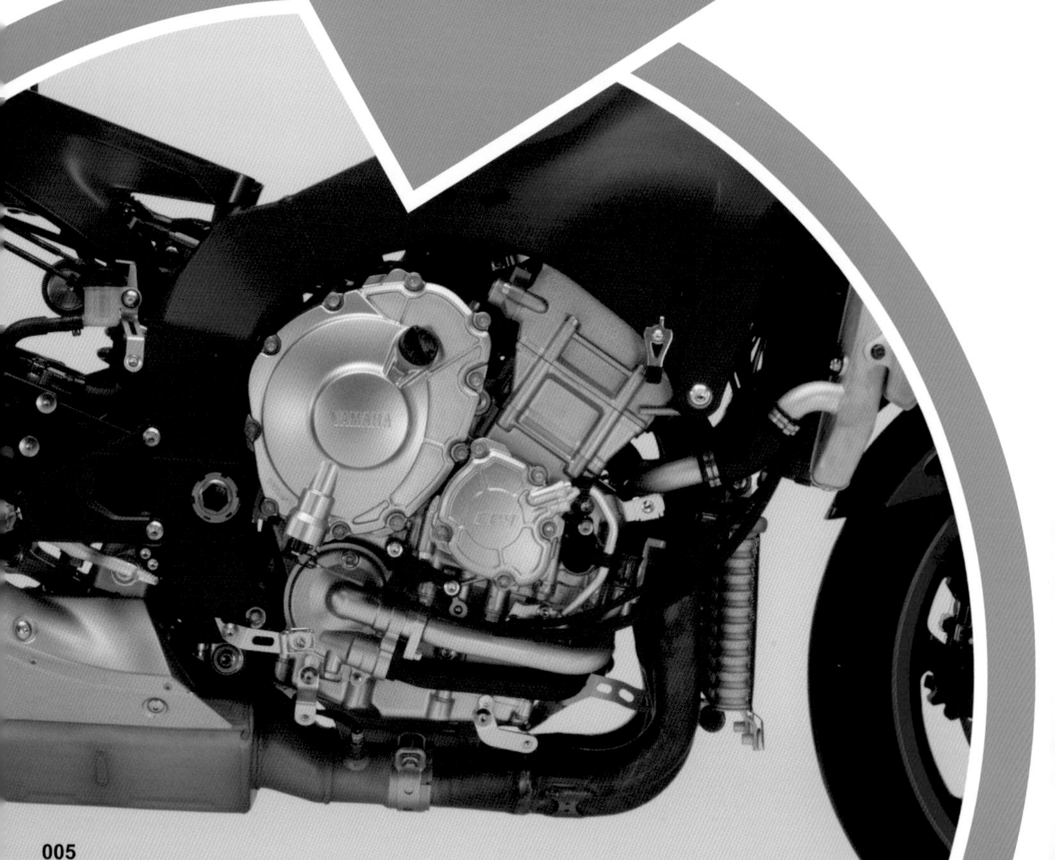

已經遵照車廠規定調整鍊條 但為什麼還是會越騎越鬆？

已經按照車廠表示的規定值來調正鍊條的鬆緊度但是看起來感覺還是有點太鬆這樣會因為間隙過大在操駕時產生頓挫呢？

全新超跑的設定不同

在以前的確是只要讓最鬆的地方可以稍微上下移動一點點就好了，可是最近的車款不論哪一台都會要求鍊條要鬆一些，本回就來說明蘊含在其中的重大意義吧。

馬力較大的摩托車在急遽加速時，後避震會有一瞬間下沉的感覺，很多人會覺得這是因為加速時的反作用力讓重量突然向後方轉移，或是鍊條在加速時突然繃緊，當然會導致後避震收縮……。但其實後避震不會下沉，加速反作用力會讓前叉回彈，導致騎士產生後避震收縮的錯覺。

試著想想如果在過彎中看到出口，大手油門加速衝刺的畫面，這時如果後避震下沉的話會發生什麼事？

年年伸長的搖臂長度

像 MotoGP 廠車這種過彎性能優先的摩托車，為了在各種彎道都能獲得讓車身穩定的反下蹲效果，都會盡可能的拉長搖臂長度

轉開油門劇烈加速
後避震也不會下沉

急遽的加速度好像會讓後避震收縮，因此會讓後避震有下沉的感覺，但其實只是前叉因為加速反作用力的關係回彈，後避震變得相對較低，所以才讓騎士有後避震下沉的錯覺

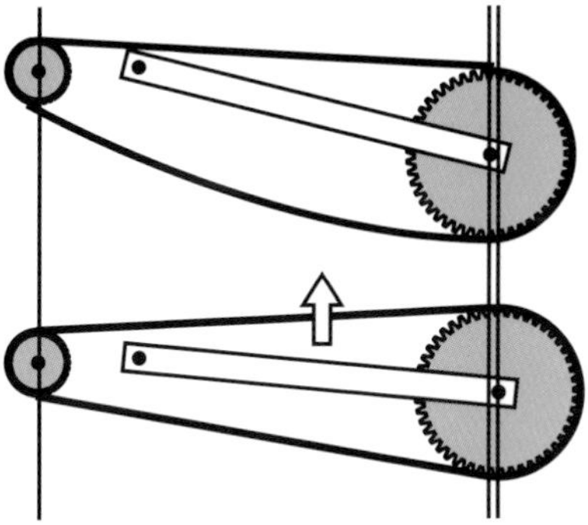

鍊條設定過於緊綳的話
會阻礙搖臂的動作

行駛時搖臂被往上推的話會使軸距增長，這個時候如果鍊條過緊，就會阻礙搖臂的動作，等於迫使避震的動作停止，這就是鍊條為什麼需要一定的空間的緣故

為了不要妨礙後避震活動並且產生循跡力的效果

會讓傾斜中的後輪對路面施加的壓力跑掉，導致空轉打滑，更嚴重的話說不定還會轉倒，因此在轉開油門讓後輪產生驅動力的瞬間，我們其實需要的是一種推擠路面的力量，也就是說希望後避震回彈才是。

因此以鏈條驅動的大型超跑搖臂鎖點都會設在比靠近引擎的前齒盤還高一些的位置，可以實際確認自己愛車的搖臂鎖點看看。藉由這種設定，讓突然產生的驅動力綳緊鍊條的同時，讓搖臂下側變近，以及利用作用力讓後輪可以向下擠壓路面。這個設定的專門用語叫做反下蹲角，是不要讓摩托車後半部下沉的一種設計。

這種設計還有一樣功能，那就是在壓車中喪失抓地力的話，後避震不會一口氣回彈讓後輪打滑，反而可以利用車重和體重讓後避震維持穩定，這種柔軟且平穩的特性可以讓後輪在轉開油門時會有被吸進路面的感覺，也就是我們常說的循跡力效果，可以兼顧維持安定性與提升迴旋力。

但其實負重在過彎時也會增加，也就是說在高速過彎時後避震和搖臂都會移動，如果這時候鍊條的下垂量不夠，突然綳緊的話會發生什麼事呢？過於緊綳的鏈條就會限制整個後避震及搖臂的動作，不僅無法得到循跡力的效果，還有可能讓後輪打滑，這就是為什麼鍊條要那麼鬆的原因了。

關於避震器的調校 原廠設定是最好的嗎？

終於買了朝思暮想的新車
周圍的前輩們都說避震器的設定需要重新調整
可是原廠設定不就是最符合多數人的需求嗎？

需要對應多種騎乘狀況

其實這樣想也沒錯，在生產線組裝時，照理是應該要用最平衡的設定，可以符合大多數車主的需求，而且每種款式和設定都是經過無數次的測試和專業人士調校，身為外行人隨便亂碰的話會不會讓原有的設定走味呢？

但基於種種原因，很難說原廠就是最佳的設定，舉例來說，兩個身高 180 公分、體重 100 公斤的歐美人士在沒有時速限制的德國雙載騎車，山間某些比較和緩的彎道甚至可以騎到時速 200 公里，這時如果車身搖搖晃晃的話，說不定會因此被客訴。

而且就算沒有雙載，如果長途旅遊中後座載著大型行李，經過道路坑洞或落差時避震器直接沉底，那麼伴隨而來的反震也許會讓整台摩托車都受影響，雖然使用說明書都會記載著在負重較高時要配合調整避震器設定，但基本上大部分的人都不會多想，直接用著原廠設定騎乘吧。

考量到這種情況，車商對於車輛出廠時的原廠設定都會以負重較高的情況為前提調校，結果會導致體重只有 50～60 公斤的騎士們在跨上愛車時避震器不會處於最佳性能的位置，但對於騎乘時的

出廠時的設定
必須考量到各種情況

以海外市場為標的的日規車和歐美車廠的大型重機，在設定時都以歐美人士的體格和操駕習慣為優先考量，避震器會以高負重為前提來設定，所以對於多數的華人而言，出廠時的懸吊設定會稍稍偏硬

因為騎士的體重不同
避震器下沉的位置非常重要

摩托車的原廠避震器設定因為考量到各式各樣的情況，如果是體重只有 50 ～ 60 公斤的騎士會無法下沉到最佳位置，但這點對於騎乘來說實為至關重要的一環，所以請騎士們配合自己的體重來調整吧

不管是預載還是阻尼
都直接調到最弱吧

突然就要動到懸吊系統相信一定有許多人會感到不安，但出廠設定並不能說是最適合自己的設定，藉由調弱預載和阻尼讓騎乘感覺更輕鬆吧

穩定性來說，這又恰恰好是最重要的一環，因為避震器下沉的行程量，其實也就是負重突然減輕時，避震回彈的行程上限，所以萬一不幸在彎道中打滑時，後輪也是靠著這個行程量來緩衝，預防轉倒的情況發生，加上避震要有一定的下沉量，對於車身整體的配置和穩定性才有幫助，簡單來說就是可以更輕巧的操駕，如果這方面的感觸較僵硬時，就會覺得摩托車沉重的難以操作。

所以這類以出口導向為主的大型重機，原廠的標準設定對於身材普遍小一號的華人來說會稍嫌太硬了一點。

建議最好的方式是先把車停下來，請體重接近歐美人士的朋友跨坐，仔細觀察避震的下沉量，然後再調整彈簧的預載，讓自己上車後的下沉量可以達到同一個位置，如果是新車時，可以直接把阻尼調到最弱（讓避震可以快速作動），這樣也有助於快速熟悉愛車。

也不用擔心自己隨便亂動，以後會無法調回原廠設定，就算使用說明書上沒有記載，只要詢問車廠彈簧預載的位置，還有阻尼要從最緊的地方往回轉幾下，相信都能得到所需的答案。

也許各位讀者還是會心存疑惑，覺得反正自己的程度還沒有多高，先慢慢了解愛車的狀態比較好，會有這種猶豫是可以理解，但就像上文所說，原廠設定真的很難說是最佳狀態，摩托車就是靠著自己的動作來操駕、傾斜過彎，所以還是調整一下讓自己趕快熟悉更輕巧的操駕技巧吧。

原廠設定多半為出口導向
對華人來說稍嫌偏硬 A

現在新款大型雙缸車的低速扭力是不是沒有以前那麼強勁了？

前一陣子有機會騎看看公升級雙缸車款起步時老是要熄火的感覺令我覺得不安可是雙缸車款的低速扭力原本就這麼薄弱嗎？

利用油門操控解決

大型雙缸車款的確給人的印象都是中低速域時有著強勁的扭力，就單個汽缸而論，雙缸引擎的汽缸大小和排氣量也比四缸引擎大，所以每次點火產生的動能和曲軸運轉時產生的慣性也比較強，這點是雙缸車的特色，但最近因為高性能化的關係，讓本來因為活塞和曲軸太大而不容易拉高轉速的雙缸車，也能輕輕鬆鬆突破一萬轉，榨出不輸四缸車的性能表現。

為了達到此一目的，必然要想辦法降低一瞬間拉高轉速時產生的慣性作用力，工程師們所想的方式就是藉由大幅度減少摩擦而散失的動力來達到高性能的目的，所以現在的雙缸車款會讓人感覺在中低速域時的扭力反應好像沒有以前那樣強勁，

藉由操控油門的方式
引導出大型雙缸的潛力

雖然覺得好像沒怎麼感受到大型雙缸的扭力，但事實上中低速域的扭力反應還是雙缸車款較佳，想要順利引導出來的話就要靠大手油門了，首先在直線上練習吧，等習慣了再進彎道比較好

現在的大型雙缸
轉速破萬是家常便飯

現在的大型雙缸引擎轉速想要破萬根本不是什麼難事，藉由零件的輕量化和減少彼此間的磨擦力，所以才會讓讀者覺得比以前的車款還沒力

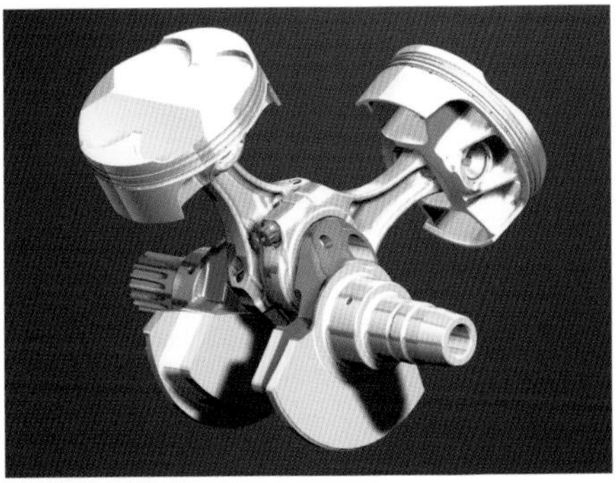

引擎的設定雖然已經逐漸高轉速化
但中低速扭力還是大型雙缸引擎佔優勢

在加上廢氣排放法規的關係，不得不讓低轉速域時的點火變的較為稀薄，這也會讓人覺得扭力好像不見了。

但就算是最新款的雙缸車，中低速時的扭力其實依然凌駕於四缸車之上，這位讀者會覺得難以感受的原因可能出在操控油門的方式上。

大型雙缸引擎因為吸氣的口徑比四缸車款還大的關係，大容積的缸徑會導致大手油門時吸入混合油氣的量與輕輕轉開油門的吸入量有極大的差異，為了解決這個問題，以前的化油器車款會藉由加速幫浦在一瞬間把沒有霧化的汽油噴進汽缸裡，但最近因為廢氣排放法規的關係，引擎逐漸噴射化，所以再也不會有直接將沒有霧化的汽油送進汽缸這種粗暴的設計了。

如果想要解決這種問題，就要靠騎士的右手了，如果騎慣四缸車的話，應該會養成隨著轉速上升才慢慢增加油門開度的習慣，反正低轉速域的反應也不靈敏，不用浪費汽油做無意義的油門操控，不過雙缸車的最大優勢就在於低轉速時的強勁扭力，所以不要想太多，在低轉速時直接把油門轉開一半左右吧。

而且也不要過度謹慎而小心翼翼的操作，一口氣扭開來就對了，雖然一瞬間可能會覺得引擎的反應有點遲鈍，但稍待一陣之後應該就會感覺到摩托車下方湧現出驚人的動力。

當然正因為是低轉速域的關係，就算是低轉暴力的大型雙缸引擎，突然大手油門也不會讓扭力瞬間達到輸出峰值，讓自己陷入危險的情況裡。要注意的只是如果維持大手油門的開度不變的話，轉速會在不知不覺中上升到中速域，摩托車就會開始猛烈暴衝了，所以訣竅就是當感覺到後輪咬住路面產生循跡力，摩托車要開始加速時，就把油門收回到所需要的加速力即可。

因應每個人的習慣不同，可能會有人排斥這種增加油耗的方式，但大型雙缸引擎的醍醐味就在油門的操作上，所以我還是建議拋開以往的刻板印象，大膽地嘗試操作看看吧。

沒有自信可以操控最尖端的電子科技

最新的超跑可以自由切換電子裝置和騎乘模式 但我根本沒有任何比賽經驗 到底能否正確活用這些新穎的電子設備呢？

重點在於提升騎乘樂趣

最近的確會發現許多車款的進化都以電子設備為中心，高端車款所配有的電子系統從只是彌補騎士的操駕失誤開始，到現在開發重心逐漸移向可以在各種狀況下輕鬆操駕，並且更廣泛地使用在各種領域上。

不過可能也會有人認為「電子裝置也不過就是降低馬力輸出，既然如此直接選擇構造簡單，馬力又沒那麼大的車款不就好了？」這樣說雖然也不是不對，但是超跑是以「操駕樂趣」為前提而開發出來的車款，如果真的體會過其精髓所在，相信任何喜歡摩托車的人都會迷上其魅力，這也就是現在最尖端的電子裝置想帶給各位車友的感受。

但如同這位讀者所說，新款的摩托車不論是引擎特性或是懸吊都有纖細的設定，也能隨心所欲依照喜好來自由選擇，可是當自己完全搞不懂摩托車的反饋，這些光靠文字敘述沒有親身體會的話也很難理解，這樣一來買了尖端科技卻一個都不會用，入寶山卻空手而回的心情也不是不能理解。

但這絕對不是賽道或是比賽專用的東西，雖然有一定的經驗才能正確驅使這些設備，在賽道上得到加分的效果，簡單來說，可以讓比賽的成績更好只是這些裝置的附加價值罷了。

還有最容易被誤解的就是引擎模式的選擇，在賽道上行駛時，就算是熟悉山路操駕的騎士，如果突然換成賽道模式的話，也還是有機會被洗臉，這是因為就算是在賽道上，路線的規劃也不可能都是一般公路所沒有的高速彎道，遇到連續髮夾彎的時候，大多也都使用二、三檔來攻略，這麼一來其實和公路沒甚麼兩樣。

所以如果沒有很熟悉賽道，其實換成運動模式或是賽道模式也不會有什麼好處，這點就算是我自己在騎也是一樣，因為引擎的反應

先利用雨天模式來習慣車輛

1000 cc以上的超跑，如果選擇賽道模式的話，有時就連專業車手都需要習慣後才能上手，更別提一般人想用這模式在公路上操駕了。首先就利用雨天模式等比較溫和的動力輸出來習慣愛車吧

新穎的電控系統
擁有全新的操駕樂趣

在 MotoGP 等高端賽事中持續進化的電子裝置，不單純只是為了騎快，也能讓一般車友體驗到超跑的操駕樂趣，現在已經是不可或缺的裝備了

仔細體驗高端車款
所具有的多功能系統

高端超跑擁有各式各樣的電子設備，可以纖細調整每個設定，但要馬上就能隨心所欲的確有點難度，利用在賽車場上的運動操駕來逐步掌握使用電控的箇中訣竅吧

A 就因為是最新款式才有前所未有的操駕樂趣

會過於靈敏，需要極度地繃緊神經纖細操控才能在彎道時轉開油門，懸吊系統在彎道入口處不一定都隨心所欲下沉轉彎，出彎擺正時也會有可能外拋。

這和比賽用廠車的設定一樣，為了可以迅速切入過彎，配合全傾角壓車加速過彎的時機將體重放在後輪內側，極端的表現就是用著後輪好像要打滑的方式切進彎道才使用的設定。

所以如果只是想要體驗操駕樂趣，那麼我推薦還是沿用公路上已經習慣的模式比較好，在這基礎上可以調成以高負重為前提的設定，如果還是覺得很難騎的話也不要對自己的技巧感到悲觀，因為每個人的騎乘目的和操駕感受不太一樣，不適合自己的話就馬上調回來吧，不要浪費本來應該是舒舒服服享受騎乘樂趣的時間。

最後再說一點，如果第一次騎到可以切換模式的車款時，可以先用雨天模式騎一段時間試看看，避震器的設定會以不會打滑為前提，並且提高輪胎追隨路面的性能，騎士可以更快掌握新車的重心位置和輪胎的抓地感，增加騎乘時的安心感和對於愛車的信賴，先利用這種狀態早早熟悉愛車，再開始測試不同的模式吧。

Q ABS逐漸變成標準配備 摩托車會怎麼進化呢？

有些歐洲國家規定ABS煞車系統應為標準配備剛開始時也有聽說ABS反而會拉長制動距離最新的ABS到底又是什麼感覺呢？

保障騎士的安全

前幾年的時候，日本交通部已經宣布新款摩托車在2018年起，舊款車從2021年10月開始一定要安裝ABS煞車系統，這已經是世界的趨勢，個人覺得也是車界一個極大的變革。

這裡先說個題外話，ABS本來是為了大型噴射戰鬥機所開發出來的系統，如果在降落時機上滿載著未射擊出的炸彈，運氣不好恰巧在著地時遇到一陣強烈的側風，那麼很有可能發生單側輪胎鎖死，產生飛機飄移的危險性，一旦不小心翻覆的話，飛彈爆炸後不但機組員有危險，連軍用跑道也會因此無法使用，為了避免軍事情況受到嚴重打擊，ABS煞車系統孕育而生。在此同時也將技術轉移到大型噴射客機上，藉以防止著地時翻覆的危險，對於現代的飛機來說，ABS煞車系統已經是不可或缺的裝備之一了。

之後這項技術又使用在汽車上，除了延長鎖死時的制動距離之外，還能在突然遇到障礙物時也能保有一定的操控性能，讓車主可以迴避危險。但是到實裝在摩托車上時已經是1988年的事了，由BMW率先安裝在摩托車上，不過一開始時不盡理想，這是因為摩托車是以傾斜車輛對前輪製造舵角來轉彎，和飛機與汽車完全不同，當時的ABS煞車系統在作動時會讓騎士前後搖晃，所以直接沿用汽車的ABS被證明了是行不通的事情，再加上如果在壓車過彎時產生晃動的話，反而會誘發轉倒危險，這也是當時ABS開發不被重視的原因。

可是隨著1980年代大型重機的興起，時速動輒超過250㎞/h，在郊區的超車道上時速也隨隨便便就超過100㎞/h以上，結果在這種

世界第一台搭載

ABS煞車系統的車款

ABS原本是為了軍用機而開發出來的技術，第一台搭載的是BMW的摩托車，1988年的K100RS為標準配備（1983年款為選配），當時的ABS在作動時可以感受到前叉和煞車拉桿傳來的反作用力

BMW K100RS

隨著電控系統的發展
現在已經感受不到系統作動

隨著近年來各種電控裝置的進化，ABS 逐漸迎向更高的水準，藉由和各種裝置的配合，除了煞車之外，連過彎時都能介入輔助騎士操駕，對於現在的ABS 系統來說已經是必備的機能之一了

隨著超跑進化
而一起提升精準度的 ABS

考量到安全性而慢慢發展的ABS煞車系統，當初是配備在休旅車款上，但是進入 2000 年後也逐漸普及於超跑車款，2009 年 HONDA CBR600RR 加裝了前後連動的 ABS 煞車系統，超跑正式進入 ABS 的時代

ABS 已經進化到無法察覺是否正在介入

情況下為了迴避危險而緊急煞車，輪胎鎖死發生死亡事故的案例層出不窮。因為德國鄉間道路上毫無速限的關係，身為德國廠商的BMW決定就算只有在直線時才有效的ABS也是有其存在的必要性，因此決心加速開發摩托車用ABS煞車系統。

歷經30年，這期間ABS經過大幅度的進化，除了可以檢測前後輪的速度與轉速差，防止輪胎鎖死外，介入時也不再讓車身前後搖晃，再加上車上裝載的電子儀器可以偵測點頭情況或是壓車傾角，在迴旋中發生萬一時也能奏效，因此開始普及化。

簡單來說，現在最新式的ABS煞車系統可以讓騎士完全感受不到系統有再作動，也不會延長制動距離。

不過越野車因為地形的關係，騎士必須自己操作前後輪的煞車才能順利突破困難地形，日本交通部也將越野車作為法律規定的例外，有些多功能休旅車款甚至讓騎士可以自由選擇ABS要啟動或是關閉，但是ABS煞車系統與其說是可以彌補騎士在操作煞車時的失誤，倒不如說是可以隨時對應變化萬千的路面情況的一種系統，已經進化到不管騎士技巧的高低都會有所幫助的一種劃時代的裝置，就連我自己來說，在旅途過程中也受到ABS煞車系統的許多幫助，就算在法律規定之前，可以的話我還是推薦配有ABS煞車系統的車款。

為什麼近年來短排氣管會變成主流呢？

在我的年代所流行的超跑，排氣管的消音器大多是設置在座位底下
但是近年來發現大部分車款的消音器都直接設置在引擎下方
雖然可以說是一種潮流，但為什麼現在這種形式會變成主流呢？

有助於集中重心

現在最新款的超跑，多半的車款消音器確實是都藏在引擎後方，只有從側面才能看到排氣口，儼然成為一種主流設計，好像沒有這種乾淨俐落的造型，就不能算是最新世代的超跑，相信有許多人都抱著這種想法。

不過年輕的朋友可能不知道，之前的設計大多是將排氣管盤繞於座位下方，再更之前則是分別用著較高的角度裝設於後輪兩側，雖然4-1式的單出排氣管已經是高性能的象徵，但在初期的四缸車來說，後輪左右各兩根的排氣管可是最流行的設計，也是一個經典的元素，有些車友甚至認為某些經典街車非左右雙出式的排氣管不行。

直到1960年代為止，四缸車款每個汽缸還是有著獨自的排氣管，因此才會看到後輪左右各有兩根尾段的消音器，可是隨著排氣系統的進化，可以利用各氣缸排氣時產生不同的時間差而發展出集合式排氣管之後，如同這位讀者所說的，排氣形式就五花八門了起來。

排氣系統基本上需要一定的長度和容量，但如果是集合式的排氣管，可以用著和汽車排氣管相同的方式，在中間設置隔板，讓裡面的空間如同迷宮一樣，使廢氣在裡頭有如迷路一般繞道蛇行，藉以確保長度和容量，這也是現階段在引擎結構緊密化之後的最新設計。

不過最後的尾段消音器該設置在哪裡，想想至今為止的跑車演進，不難看出設計目的是以什麼為優先。

如同各位所知道的，DUCATI 916是第一台將消音器設置在坐墊下方的車款，並且開啟了全新的風潮，讓其他許多車廠爭相仿效，目前有些跑車在之前也有選擇使用將消音器設置在座墊底

1985年的YAMAHA SRX400/600已經採用了現代風格的短管

1969年登場的CB750Four為了強調四缸引擎，採用左右雙出式共四支消音器的設計

配合每個時代的需求
消音器的排列也不一樣

排氣系統除了需要一定的長度和容積之外，因為也算是摩托車上較大型笨重的零件，配置對於摩托車的動向會有極大的影響，各時代都有不同的風潮，1990 年代的 DUCATI 916 對於跑車界產生極大的衝擊

考慮到前後搖晃的關係
將重心集中在車身中心

MotoGP 引擎四行程化之後，必須要把車身受到慣性影響而前後左右搖晃的問題降至最低，因此進化成把較重的零件都集合在車身中心，讓車身體積更小，市售車也採用了同樣的發想，近年來許多車款也開始使用這種排列形式

A 考慮到將前後搖擺的影響降至最低

下的設計，一時蔚為風潮，儼然是高性能的象徵。

想出這個型式的人是鬼才設計師 Tamburini，也是藝術美學摩托車代表 BIMOTA 的創始人之一。他當時表示靈感是來自於 CAGIVA 的二行程 GP 廠車，但卻沒人可以想像的到排氣方式完全不同的四行程車款也能採用同樣的方式。

當時的消音器是以高角度設置在後輪兩側為主流，但考量到 MotoGP 廠車需要左右全傾角壓車的關係，左右雙出式的排氣管漸漸地移往車身中心線，除了可以增加壓車傾角之外，也有助於集中車身重心。

之後隨著 MotoGP 廠車四行程化，為了將車身前後搖擺的慣性影響降至最低，消音器逐漸朝車身重心，也就是車身正中心集合，隨著引擎越來越小，連排氣管都能整個塞進引擎下方，從側面只看的到排氣孔，這就是短管的發展歷史。

以前 YAMAHA 的 VMAX 和 SRX400/600 也採用過類似的形式，但當時覺得 SRX 的消音器很醜的人也不少，對於目前街車來說，這種設計方式逐漸變成主流，也許當時太過新潮的設計感與機能並不被接受，現在看來是蠻有趣的一件事。

為什麼有些超跑還是會設計後座呢？

**基本上應該不會有人為了雙人騎乘而選購超跑
如果拆除後座和踏桿的話也能降低成本
懸吊設定應該也會變簡單才是……**

為了短時間的便利性

超跑是追求行駛性能的究極車款，大部分的款式都以比賽用廠車為基本，雖然加裝頭燈、後照鏡、方向燈等安全部品，但重點還是以性能為優先考慮的摩托車。選購這類車款的騎士，基本上應該是不會有人是為了雙載騎乘旅遊為目的，那麼倒不如乾脆一點，直接把後座上薄薄的一片海綿座墊和後座腳踏拆掉就好了，會有這種疑問也不是不能理解。

的確有些刪除後座的特仕版存在，但市售車大多數還是以可以雙載的版本為主，那麼為什麼車廠不直接取消可以雙載的款式就好了呢？

如果以單人乘坐的規格來取得車牌時，這輛摩托車就只能當作單人騎乘專用，如果車主之後想為了可以雙人乘坐而改裝的話，就必須申請強度證明或通過各項手續，基本上一般大眾是不太可能取得類似的證明文件，所以車廠認為以雙人版本來向政府登錄並取得合格牌照，對車主來說算是一種優點。

其實在以前，義大利BIMOTA 等少量、純手工打造的小車廠，有一陣時期會為了以性能為優先考量，堅持只打造單人座的摩托車，但

**為了短時間的移動
以及方便性做考量**

超跑的後座本來就不是為了長距離的旅遊騎乘而設計的，只是考慮到有的時候需要短時間移動的便利性，但在歐洲好像還是會有人載著老婆騎乘山路的樣子……

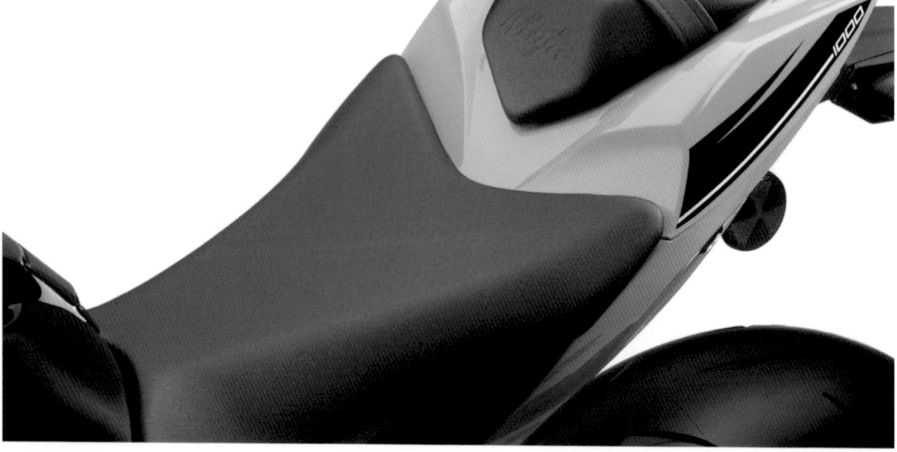

就算有設計後座
但基本上還是單人為主

超跑是以運動操駕為前提開發出來的車款，所以就算有設計後座與踏桿，但基本上還是只適合單人享受騎乘樂趣的載具，後座只是在逼不得已的時候使用，雖然感覺上是有點雞肋沒錯……

單座跑車
大多為限定款式

現在雖然的確是有單人座的摩托車，但大部分都是賽車用的特別款或是少部分的手工車廠的產品，過去也有單人座的公路車，但之後卻為了便利性又加賣配有後座的款式

A 就算只有短時間為了方便還是設計了後座

結果卻因為許多車主的要求還是加賣可供雙人乘坐的車款，這也是一段有趣的歷史。

雖然不適合拿來長距離、長時間地旅遊，但必要的時候還是想要可以想要兩人乘坐，畢竟會根據不同用途而分門別類購買不只一台摩托車的人還是少數，所以在為了消費者而多方衡量下，超跑還是有設置後座。

如果是單人專用的摩托車，的確是不用再加裝後座踏桿，外觀上看起來清爽，也能降低成本，再加上懸吊設定不用以雙載為前提，也不需要為了偶爾才有人坐的後座而選擇可以應付高負重的彈簧和阻尼，在彎道時也只要思考行駛的性能就好，設定上也比較簡單容易。

就算是雙人座的超跑，也不會像旅行用摩托車一樣會為了加裝行李而做考慮，如果體重較重的人坐在後座時，為了不要在避震器沉底時產生的衝擊影響到操駕的安全性，多半都有緩衝裝置，不過也不要覺得雙載時能輕鬆騎乘，簡單來說，購買超跑時最好還是以單人騎乘為出發點考慮比較好。

而且如果以姿勢前傾的超跑來雙載的話，相對地前輪的負重就會降低，過彎時會使前輪的自動轉向性能變得遲鈍，不管是切入的瞬間或是過彎時都無法激發出原有的性能，所以最新的超跑就算可以雙載，那也不過只是附加價值罷了，車輛的設計上並不會為了可以雙載而犧牲掉原有的過彎性能，這點讀者們倒是不用擔心。

以前摩托車所擁有的鼓動感 為什麼很難在新款摩托車上看到了？

以前常常在介紹摩托車的文章上看到鼓動感這幾個字，但是現在最新的試乘文章都只能看到平滑順暢。就算是大型雙缸也多半是寫著可以瞬間拉高轉速完全沒有提及鼓動感。現在的摩托車已經無法期待鼓動感了嗎？

氣冷引擎的代名詞

砰砰砰砰、咖搭咖搭等狀聲詞常常用來形容引擎點火時的震動和鏗鏘有力的排氣音浪，簡直就像是活著一般的躍動感，也就是所謂的引擎鼓動感。而且不論是強調每次點火的單缸引擎、雙缸引擎、或是以平順而著名的四缸引擎，都能體驗到這種鼓動感。簡單來說，鼓動感是氣冷引擎全盛時期常常看到的表現方式，氣冷引擎的活塞和汽缸間的空隙，一定會比水冷引擎還大的關係，引擎所有零件不像現在一般緊密，運作時產生各式各樣的震動也是事實。

這種震動對於技術層面來說應該算是種缺點，活塞的來回運作經由曲軸轉變成迴轉運動的同時，伴隨而生的慣性會降低動力輸出，根據設計方式的不同，也有會產生熱量的情況。

也就是說，想要開發更有效率的引擎，降低整體的震動是必然的課題，為了對應高動力輸出和廢氣排放法規，引擎水冷化的過程中就消除了大部分的有害震動，宛如電子馬達一般平滑順暢，感受不到點火時的震動，本來應該是提升舒適度的優點，但是卻讓許多騎士

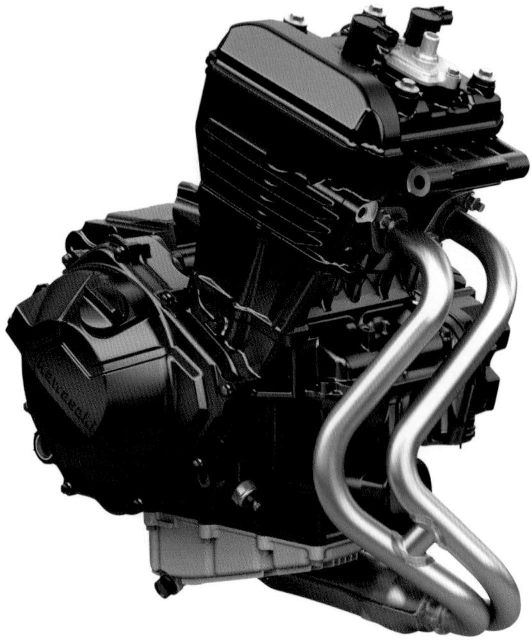

為符合高性能和環保法規 鼓動感就逐漸稀薄

為了配合高動力輸出和廢氣排放法規的限制，引擎在製作過程中慢慢進化，除了水冷化讓性能更加安定之外，為了追求更高的效率，引擎各部位零件的精密度也提高了，結果讓性能上升，騎乘時的感覺也更加洗練……

就算不是古董車
也還是可以享受鼓動感

如果想要回味以前所謂的鼓動感時，選擇古董車會比較合胃口，不過現在的摩托車為了讓循跡力有效提升迴旋能力，都有在點火間隔的設計下過許多功夫，雖然感覺不太一樣，但引擎的脈動卻同樣可以傳達給騎士

為什麼氣冷引擎
更容易感受到股動感？

一言以蔽之，「鼓動感」可以說是氣冷引擎的最佳形容詞，因為活塞和汽缸的間隔比起現在的摩托車還寬，引擎各部位的零件都為了熱漲冷縮的間隙做考量，產生出的震動和排氣音量就和鼓動感有直接關聯

A 最新款的摩托車也有其特殊的鼓動感

覺得「無趣」了起來，畢竟摩托車是一種富有感性的載具，當去掉了這種特殊的狀況時，容易讓摩托車變成一種好像只是拿來移動用的工具，冷冰冰地毫無感情。

為了對應騎士的心態，水冷化初期有些美式機車不以性能為優先，反而「大膽地」利用這種有害的震動作為訴求，但是結果卻不如車廠的預期，這些車款並沒有受到追捧，相信刻意營造的震動感，跟製作良好的摩托車所產生的鼓動感，兩者不能同日而語吧。

所以就技術層面來說，氣冷引擎才能具有更容易接受、且讓人心醉的鼓動感，所以就算是不利於動力輸出或合乎排氣法規的限制，現在還是有車廠持續製造氣冷引擎，而且不像以前一樣有著會讓手掌瘦麻的震動，如果是這種現代氣冷引擎的話相信更能讓騎士體驗所謂的鼓動感。

不過就我個人而言，最新的摩托車也增加了許多可以享受鼓動感的地方，後輪咬住路面，激發循跡力提升迴旋效率，藉由點火間隔的不同，有著獨特的爆發力，這都多虧了車廠在研發車輛上下了許多功夫。

所以讀者可以試著在比怠速運轉稍高的轉速時大幅度轉開油門看看，雖然轉開的時間不能太久，不過卻有明顯的震動和鼓動感傳來，這種回饋應該可以算是騎士操駕摩托車的一種證據吧。

實際的排氣量都比規格表上寫的還低一點是為什麼呢？

從以前看摩托車的規格表就有一個疑問 400 cc車款的實際排氣量是 399 cc、250 cc則是 248 cc 實際上總是比規格表再低一點是為什麼呢？

難以做到剛好符合

各位讀者想必已經知道，引擎的排氣量簡單來說就是活塞在汽缸內來回運作的容積量。

圓筒形的汽缸內徑，也就是所謂的缸徑，以這個直徑所推算出來的面積再去乘以活塞的行程（從上限到下限的移動長度），結算出的容積量就是排氣量的大小，當然雙缸和四缸車款因為有著複數汽缸的關係，還需要再乘以汽缸數才會是總排氣量。

而因應排氣量大小的不同，所需的駕照種類也不同，舉例來說，想騎 250 cc以上的黃、紅牌車款，就必須再去考取大型重機駕照，這點不用特別說明想必大家也都知道。

以讀者所詢問的 400 cc車款來說，cc數少了一點當然不是什麼大問題，如果用 HONDA CB400 當作例子，實際上的排氣量的確如同讀者所說的是 399 cc，比規格表少了 1 cc，缸徑為 55 mm、行程是 42 mm，換算下來一個汽缸的排氣量約 99.74 cc，乘以四個汽缸的話就大概是 399 cc。

排氣量只要大個 1 cc，整體輸出也會稍微增加，只要大個 0.1 mm，單缸的排氣量就有可能大個 100 cc，所以如

許多摩托車已經不再講究最大排氣量

比賽用廠車的設計有時會盡可能地接近排氣上限，但也有車款會為了輸出特性為優先考量，刻意將排氣量降低，最近市售量產車也多了許多類似的車款，以動力特性為優先，有著特別的排氣量大小

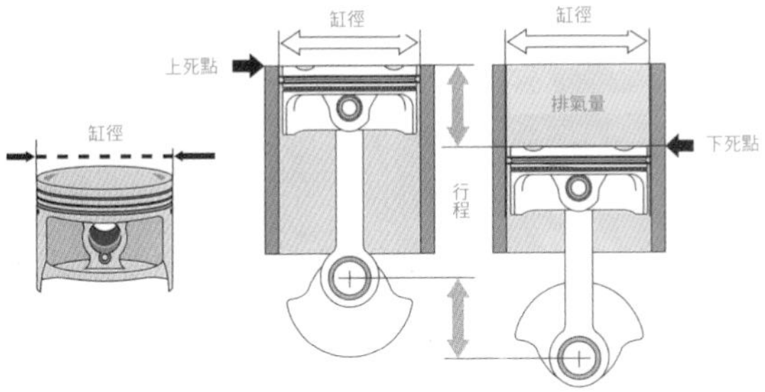

排氣量其實是活塞在汽缸內上下移動的容積量

排氣量指的就是活塞在汽缸中上下來回移動時的容積量，是以汽缸的缸徑和活塞的行程（上死點～下死點間的距離），並利用圓柱體體積的公式計算而來，如果是多汽缸的場合，再乘以汽缸數就是所謂的總排氣量了

因為加工誤差多半會用未滿的方式

一般而言，實際上的排氣量會比規格表的數字還低，這是為了加工誤差作為考量，量產車多半會以「未滿」排氣規範做為設計

實際上「未滿」的設計已經是量產車的常識

果要剛剛好符合400 cc的排氣量時，必須要以1/100 mm為單位做微調，但是利用機械加工切削而成汽缸，多多少少都會產生誤差，為了方便管理，以及符合400 cc以下的規範，實際上都以「未滿」400 cc為前提設計，這點已經是量產車的常識。

但如果是比賽專用的廠車時，因為不是以量產為前提開發，會不去理會1/100 mm的誤差，盡量想辦法將排氣量提升到規定的上限，不過因為還有其他優先考量的因素，也不是所有廠車都這樣處理，簡單舉例來說，燃燒室內部還需要配置進、排氣閥門，更改進氣閥門的大小對於動力輸出會有影響，有時也不一定需要將總排氣量設計的剛剛好，因為中間有著複雜的計算公式，這邊就不再贅述。

所以有些廠車的排氣量也令人意外地沒有緊逼排氣上限，畢竟增進燃燒效率、減少摩擦時的動能散失、最新科技的電子裝置等設計時需要優先考量的要素已經比以前複雜許多。

這種設計方式也慢慢流到市售量產車上，有些引擎的排氣量會設定在不上不下的數字，只要有著足夠的動力，這些車款更看重的是比較好操駕的動力特性，所以選擇對結果來說最恰當的排氣量，而不會硬要將排氣量符合排氣上限，這類型的車款意外地變成人氣車款，應該也是因為以操作等實質面做為開發考量的關係吧。

調整避震器的預載究竟有甚麼意義？

試著調整過愛車後避震的預載但是卻感受不到有什麼變化聽人說後座有載行李的時候和雙載的時候把避震調硬一點會比較好但實際上真的有差那麼多嗎？另外騎乘超跑的時候也需要調預載嗎？

有助於提升操控性

關於後避震的預載，如果是傳統的雙槍避震，可以在彈簧底部的基座上找到五段或七段不等的高低落差，利用專用的工具旋轉基座調整預載，如果是類似超跑的多連桿單槍避震，因為設置在引擎正後方的關係，比較難調整，根據車款不同，有些會增設利用油壓調整的裝置，並且把旋鈕設置在手可以構到的地方，方便騎士進行調整。

關於這個預載，車主手冊上的說明是：「往右轉的話會變硬……」等感覺相當簡潔明瞭的描述方式，也常常讓讀者丈二金剛摸不著頭腦，到底是怎麼個變硬變軟法，和調整收縮、回彈側阻尼又有什麼差異呢？甚至讓人敬而遠之，不願意親手去調整看看。

實際上調整預載並不會讓任何東西變硬或變軟，那麼各位讀者一定有疑問，預載究竟是調整什麼東西呢？其實是改變對應的負重範圍，就算這麼講，應該也還是很難理解吧。

彈簧的反作用力又稱之為彈簧比，舉例來說，如果在已經支撐了100 kg的彈簧上再加上50 kg的話彈簧會收縮3 cm，但基本上這兩者的數值會有一定的比例，也就是說，只要是同一條彈簧，彈簧比都不會變。

不過，當雙載或是擺上極為沉重的行李時，避震器有可能會直接沉底，把所有行程都吃掉，開始行駛後就無法吸收衝擊，車身會開始劇烈搖晃。

為了避免這種危險的狀況，就出現了預載的機制，讓彈簧預先收縮到某個位置，改變負重，避免行駛時發生沉底的危險。

另外，如果當體重太輕，上車時避震器如果沒有下沉到設定的位置，這時如

不要害怕
積極地調整看看吧

如果愛車是街車、採用傳統的雙槍避震的話就能簡單進行調整預載的動作，照片上的款式只要利用工具轉動基座就能調整預載，機構單純的關係，就放膽調整看看吧

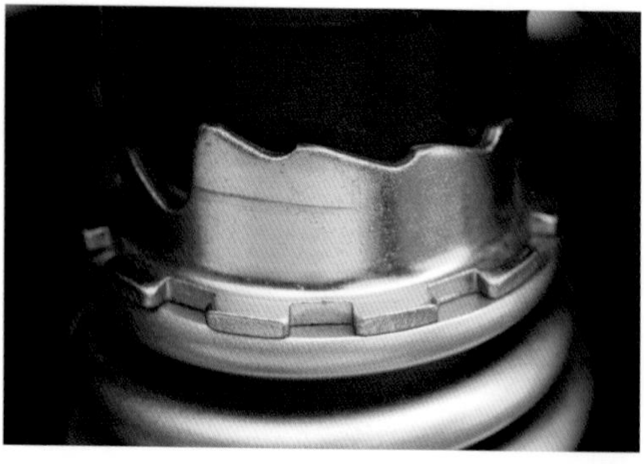

雙人騎乘和堆放行李時可以試著調整預載

雙載或是堆放極為沉重的行李時就是將預載調硬的最佳時機，根據路面狀況的不同，可以避免避震器行程用光沉底，防止車身震動

配合自己的需求調整更能享受彎道樂趣

當調整預載之後，車身的高低也會產生變化，配合自己的體重甚至有可能更輕易地感受到循跡力，也有助於享受行車樂趣，另外如果調軟預載，還能提高置腳性，請務必嘗試看看

果在過彎時打滑的話，避震器就有無法回彈來讓輪胎維持追隨地面的危險，這種情況下就可以將預載放軟，讓乘車後的原始位置再往下沉，另外也能調整置腳性與車高。

更專門一點來說，在彎道中維持壓車的狀態下轉開油門，後輪藉由循跡力咬住路面，穩定車身的機能也是會隨著搖臂鎖點、前、後齒盤的位置關係不同而有不同的效果，所以配合自己的體重調整的話，可以更快樂地享受騎乘樂趣。

車廠當然也了解預載的意思和原理，但為了防止雙人騎乘時彈簧發生觸底的危險，所以用變硬這種比較簡單易懂的方式來形容也是可以理解的吧。

就真正的意義來說，想要變硬或變軟只能靠更換不同比例的彈簧，但這樣也會破壞行程量和吸收衝擊的能力兩者間的比例關係，所以沒有這種必要。

但是如果是感覺上的話，調整緩衝力量可以讓騎士感覺變硬和變軟，如果愛車的避震器具有調整阻尼的功能時，使用之後應該會感到有所不同，如果沒有調整功能的話，雖然價格不斐，市售的改裝避震器也具有相當出色的性能，光是改裝後就能感到抓地力和穩定性比之前沒有調教機制的款式大幅提升不少，可以更加安心地享受騎乘樂趣，這個來自惡魔的誘惑會不會有點多餘了呢？

A 雙人騎乘或是彎道表現都能讓摩托車更好操控

龍頭角度難以推車是為了彎道性能考量嗎？

我是一個剛開始接觸重機的新人發現有些車款的龍頭角度會讓人非常難以推動這種設計果然還是為了彎道性能考量嗎？

車廠刻意為之的結果

雖然說是初學者，但這位讀者注意到相當值得探討的問題。沒錯，龍頭角度怪異，在靜止時相當難以推動的車款其實還真的不少，但與其這樣解釋，倒不如說基本上沒有一台摩托車龍頭的形狀設計是以讓推車更輕鬆為優先目的，都會以騎乘時的操作性，以及不易累積疲勞的形狀為前提。

如同各位所知，不管是十字路口的左右轉或是山路上攻略彎道，重點就是不要對龍頭施加多餘的力氣，要讓摩托車自然轉向，靠的就是前輪可以順利地追隨後輪，朝同一個方向傾斜迴旋的自動轉向功能，如果這時候去推擠龍頭、施以多餘的力氣的話，摩托車就無法發揮出輕快地過彎性能了。

因此，考慮到龍頭握把與手腕之間的關係，大多數的摩托車都會採用不容易對龍頭施力的角度，也就是說，在推車時感到難以施力的角度其實都是刻意為之。

再加上某些車款的握把兩端會稍微向下，這種特殊的角度是為了利於手掌可以從外側掌握，這樣一來長時間騎車後，大拇指和食指的根部也比較不易疲勞，而且

追隨後輪的自動轉向功能

自動轉向功能指的是當傾斜摩托車的時候，前輪周遭會自動追隨後輪，只要不妨礙這個動作，摩托車都能輕快地過彎，但騎士很容易在無意間施加多餘的力氣，龍頭角度就是為了防止這種事情而設計的

GP 廠車都是為了清楚掌握前輪的動向而設計

MotoGP 等高段比賽中，廠車都會依照車手喜好做微調，這點大家都知道，這種專攻彎道的設計方式也就是目前最利於掌握前輪動向的方式，用這種視點來觀察 MotoGP 廠車更有一番樂趣

特地設計成難以施力的角度

為了不讓騎士對龍頭施以多餘的力氣，摩托車車廠會刻意把握把的角度設計成較難以掌握，以及更清楚了解自己有無對龍頭施以多餘的力量，因此才會在推車時感到困難

A 角度和形狀的設計目標是讓手臂難以對龍頭施力

當前輪因為路面坑洞而晃動時，握把也不容易從手中滑開。

就跟那位前輩所說的一樣，龍頭設計難以推車移動的摩托車還有許多，而且這其實都是故意設計成讓騎士較難掌握的角度。

具體而言，當轉動龍頭的時候，抓著握把的手以轉向軸為中心向右轉的話，基本上都會感覺到右手腕靠近身體，而左手腕慢慢遠離吧，但是如果刻意將握把位置靠近前叉的話，右手只會稍微靠近身體，但左手卻有大幅度遠離身體的感覺，這種情況下只要龍頭有稍微的晃動，騎士都能敏感地掌握前輪動態。

為了讓摩托車可以更加平衡自然地轉彎，自然會衍生出讓騎士難以妨礙龍頭操控的設計，並且容易發現自己對龍頭施加多餘力氣，這點以前採訪的時候經常聽到。

最新式的超跑甚至會採用雙手無法干擾摩托車過彎的設計方式，讓摩托車可以更輕快銳利地過彎，當然對於某些騎士而言，還是希望可以靠自己的意志操控龍頭，如果操控水準有到那種高度的話當然沒有問題，不過基本上一般騎士還是盡量不要違抗車廠在開發時的意圖比較好。

因此，讀者可以試著轉動自己愛車的龍頭看看，也許會發出「原來如此」的感想也說不定喔。

騎著1980年代的古董車時不慎轉倒
一直搞不清楚原因令人不安

終於買到了魂牽夢縈的古董車。但卻不小心在熟悉的賽道上轉倒，但明明是用著之前騎公升級超跑的方式切進彎道，結果一瞬間就飛出去了，完全不知道為什麼。無法消除再度轉倒的不安，這時該怎麼樣東山再起呢？

輪胎不同也會影響感覺

我也連續15年騎著1972年款的Moto Guzzi V7參加美國Daytona賽事，因為是前後皆為18吋斜交胎，這位讀者的問題心裡大概有個底，用著新款摩托車的方式來操駕的話的確會吃到苦頭沒錯。

對於古董車來說，在關心輪胎是斜交胎或太細之前，重點其實更應該放在各部零件的保養狀況，一定不可能和新車一樣，雖然每台車的情況不盡相同，但引擎和避震器已經喪失一部分的機能的可能性極大。

以前叉來舉例，注入在內管裡頭的阻尼油可能會因為前叉在上下作動時徐徐地滲出而減少，這樣會導致油面下降，讓前叉在煞車而收縮時產生的點頭效應更加嚴重，或是下沉到深處時會發現反應遲緩等症狀，這是因為內管裡面的阻尼油上方的空氣也有其緩衝功用，當油面下降之後，會使緩衝效應在下沉後急遽攀升，也就是說會有從柔軟的狀態一瞬間變硬的過度特性。

因此，這位讀者所說的「從進彎前煞車到切入的瞬間」所出現的問題，可以合理懷疑對於摩托車過彎最重要部分，也就是前輪追隨路面的特性已經惡化了，所以就算已經有古董車無法在賽車場上像騎慣了的新車一樣操駕的心理準備，真正在操作時的節奏感和減速的感覺還是會令人倍感棘手。

另外就是輪胎的部分，就算還有足夠的胎紋，但從製造出來已經過了幾十年的關係，就算都沒有騎，妥善地保管於車庫內，橡皮還是會惡化，有些人可能會覺得沒關係，但輪胎其實已經無法應付高強度的賽道騎乘，最重要的緩衝特性，也就是防止突然在一瞬間打滑的性能已經變遲鈍了，另外，現在最新款的18吋斜交胎已經

對各部零件
確實做好保養

1980年代的摩托車出廠到現在也過了三十年，各部位的零件已經劣化，無法發揮出該有的性能也不是件奇怪的事，從前叉開始，確實對各部位做細部分解保養，應該會讓摩托車產生不同的感覺

換上最新的輪胎
體驗全新進步的性能

想要好好操駕古董車的要素之一就是換上現代最新的輪胎，就算原廠胎的胎紋都還在，但也沒辦法維持應有的性能，只要換上最新的輪胎，應該能更加享受騎乘古董車的樂趣

古董車的樂趣在於
需要比新車更高的操駕技巧

1980 年代的摩托車在外觀上有著現在車款所沒有的魅力，但不僅僅如此，需要比現在車款更艱深的操控技巧也是魅力之一，除了更換輪胎之外，為了享受輕快的騎乘樂趣，請將愛車保持在最佳狀態吧

A 將摩托車的狀態調整好 重新掌握基本操駕技巧

有著當年原廠胎所無法媲美的抓地力和緩衝性能。

所以我個人是強烈建議檢查避震器的阻尼油和換上最新的輪胎後再挑戰看看。

當然古董車也無法像新車一樣切入時前後輪會同時傾斜進入迴旋階段，一定會有前輪慢一拍才追隨後輪傾斜的感覺，如果不知道這點的話，就容易會因為前輪的遲鈍而刻意扭動龍頭，對於過彎時的安定性也有影響，所以要確實掌握好前輪自動轉向的感覺，我想這位讀者在轉倒時可能不是因為內切，而是刻意抑制了前輪自動轉向而滑倒。

轉倒之後警戒心會提高，這是動物的自我防衛本能，很正常的一件事情，不要想著在情緒上克服恐懼感，而是先調校好摩托車基本的狀態，在掌握好摩托車基本的動態前先不要作劇烈操駕，如果無法快樂的騎車，重新抓住騎乘摩托車的節奏，是不可能從恐懼感和緊戒心中解放出來的。

習慣之後就會發現古董車的輪胎因為沒有像新式的斜交胎有著低扁平率的關係，切入、迴旋的時候要更正確地移動體重，反而有著最新款摩托車所沒有的難度，突破之後會倍感樂趣，說不定也就因此上癮了。

所以請一定一定別忘了保養愛車，持續騎乘下去看看，最新款摩托車所沒有的醍醐味就藏在這類型的摩托車中，有著一言難盡的深奧感，相當值得鑽研。

如果仔細了解側傾軸的原理 操駕技巧真的可以更上一層樓嗎？

自從看了貴社的騎乘講座後對於「側傾軸」特別好奇。但摩托車也有側傾軸令我抓不太到感覺。現在的摩托車完成度極高，什麼都不用想也能騎出一定的水準但如果要更進一步的話，還是要了解、實際感受側傾軸會比較好嗎？

車身傾斜轉向的原理

摩托車壓車傾斜切入彎道的動作其實和飛機等載具都是一樣作軸運動，但因為前後輪胎會接觸地面的關係，很容易會誤認為中心軸其實就是接地面，不過因為摩托車會一邊行駛一邊傾斜轉彎，這時輪胎的接地面就不是軸運動的中心軸了。

也就是說因為輪胎沒有牢牢地黏在地面的原因，隨著騎士施加在車身上的動作不同，前後輪的接地點會左右移動，也就是所謂的蛇行，這麼形容不知道能不能讓讀者了解軸運動的中心軸其實不是輪胎的接地面。當摩托車傾斜的時候，就會以重心位置為中心作軸運動，如果撇除騎士的動作對摩托車產生的影響為前提的話，側傾軸會是從後輪接地點開始，貫穿引擎重心附近，來到支撐前叉的轉向三角台下方的一條軸線。

尤其是前輪在受到慣性力支配的情況下達到一定速度後，會開始追隨後輪的方向，在切入進彎的時候騎士如果將重心放在外側的話，就會影響整個過程，讓切入進彎的流程產生延遲。對於騎士來說，前、後輪好像是沿著同一條曲線行駛，但事實上穩定迴旋情況下，前輪的行進軌跡應該會位於後輪所描繪出的同心圓外側……困難的原理就先說明到這裡吧。

結論就是，如果當騎士想要靠蠻力轉動龍頭或是扭動腰部來操駕的話，後輪會先往外側傾斜後才開始向內切入，連帶地會讓前輪追隨後輪的動作產生延遲，所以盡可能地在操駕時不要製造施力點，靠著讓上半身傾斜朝內側倒下的方式移動重心的時候，車身的動作會像扇形一樣由上往下朝內側劃一個弧線，這時前輪會稍微前進一點後就開始追隨後輪一起傾斜，只要認真注意的話應該都能感受的到，超跑在設計時就以摩托車

調弱避震器的阻尼
壓車切入的感覺會變得輕盈

本誌常常推薦調弱避震器的阻尼，這是因為緩衝力變弱後，避震器可以迅速的動作，還能吸受異於側傾軸方向的力道，這種狀態下就會感覺到切入的過程變得更加輕巧

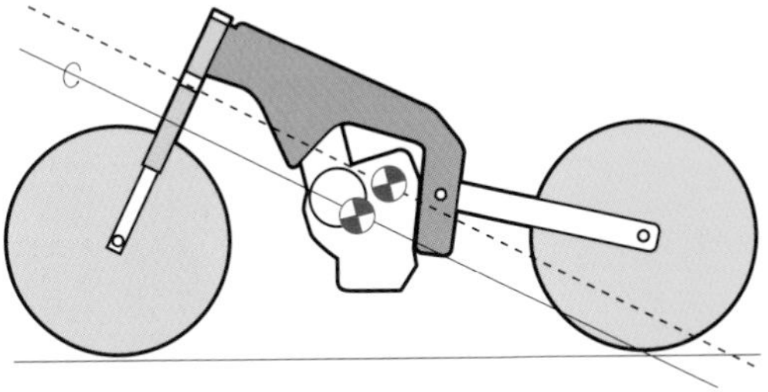

側傾軸和重心的設定
產生自然的轉向功能

側傾軸基本上就是一條如同虛線一樣，從當作龍頭轉向時的支點的下三角台開始，90 度延伸穿過引擎重心的一條軸線，這樣容易產生穩定自然的轉向功能，近年來的車款都採用這種設計

想要體驗側傾軸的話
可以試著稍微蛇行看看

想要感受摩托車的側傾軸，可以試著在寬廣安全的直線道路上用時速 40 km /h 左右的速度蛇行看看，如果對龍頭或車身感到沉重的話，那麼就是對車身施加多餘力量干擾摩托車側傾軸的證據

讓摩托車可以隨心所欲行駛時也有助於提升騎乘技巧

這種傾斜的動作為前提，設計引擎、三角台的位置、然後調整前叉的傾斜角度（前叉後傾角）、以及前輪轉向軸和接地點的位移量（拖曳距）。也就是說一開始就設定好了最自然、有效率的過彎狀態。

如果不破壞這些平衡操駕的話，並不會馬上變快，而是可以讓摩托車隨心所欲的動作，這也是提升操駕技巧的基本。因此側傾軸才會出現在騎乘講座中，可是實際上不會有騎士能完全這麼理想地照著理論操駕，一定或多或少都會產生施力點，但是卻有必要努力接近這個理想，減少身體施力，專注在放鬆身體力量，並且持續累積經驗的話，就能慢慢理解操駕摩托車的訣竅。

最後再補充一點，我們常常會建議將避震器的阻尼調弱吧，這是因為如果避震器可以迅速回彈的話，就算這中間有出現異於側傾軸動作的力道出現，避震器也能將其吸收，所以將阻尼調弱的話會感覺切入的過程變得更加輕盈。大型重機在出廠的時候幾乎全車的避震器阻尼都太強，這是因為歐洲有些國家沒有速限問題，在高速公路上雙載並且用著台灣限速兩倍以上的速度過彎時，如果避震器搖搖晃晃的話會有法律訴訟的問題出現，對於不會這樣操駕摩托車的我們而言，如果將懸吊調軟的話，可以降低疲勞、緊張，讓騎乘時更加舒適，請一定要試看看。

現代車款縮短引擎前後長度的意義在哪裡？

在Z1的年代每台車的引擎都給人威風凜凜的感覺現在的車款感覺像是被濃縮了一樣整整小了一號為什麼會有這種風潮呢？

加強摩托車的行駛性能

Z1等車款的確是1970年代的大型重機代表車款，因為離合器箱的關係，當時的氣冷四缸引擎在右側都會有一大塊圓形的突起，威風凜凜的造型連我也相當喜愛，但是近年來離合器越做越小，也不再裝設於曲軸旁邊，反而移到汽缸後面比較高的位置，帶動鏈條的前齒盤本來設計在離合器箱的相對側，現在也移動到曲軸的正後方。就外觀看來，整台摩托車的結構變得更加緊密，外型也直接小了一號。

這個設計當然是為了縮短引擎的前後長度，以前是把輸入軸、中間軸、輸出軸等三軸排成一直線，現在則是將中間軸往上移，並且將輸出軸設立於其下，三軸呈現倒V字型。

那麼為什麼要縮短引擎的前後長度呢？主要的目標是要想要延長搖臂的長度，不論是高速或低速都能獲得廣範圍的循跡力效果。

仔細觀察位於引擎後端的前齒盤和搖臂鎖點兩者間的位置關係，應該會發現前齒盤應該會比搖臂鎖點還要低吧，然後鍊條會接觸到位於搖臂上頭的塑膠或橡皮製的滑塊，這個位置關係重要到可以大幅左右循跡力的效果。

舉例來說，當鏈條因為引擎的動力而繃直的時候，如果前齒盤和搖臂鎖點在同一直線上的話，搖臂會被扯向前齒盤，後避震會往收縮的方向移動，如果在過彎時發生這種事的話最怎麼樣呢？

不難想像本來傾斜咬住路面的後輪會上浮，一瞬間減少對於路面的壓力，大幅提升打滑的危險，這樣一來根本無法安心地在過彎時轉開油門，所以藉由將搖臂鎖點設計在比前齒盤稍高的位置，讓驅動力產生時所伴隨

1970年代的車款

各軸的關係為水平排列

照片是KAWASAKI Z1的引擎，當時的車款一般來說都會將曲軸、變速箱的中間軸、輸出軸用水平的方式整齊排列，雖然外觀看起來的確給人威風凜凜的感覺，但以現代的基準來看前後長度明顯太長了

持續提高馬力的 GP 廠車
拉長搖臂的結果也很顯著

藉著將引擎縮小，讓搖臂可以延長的設計最一開始是從比賽廠車發展而來，為了更有效率地活用二行程時代的引擎動力，於 1980 年代中期開始蓬勃發展並逐漸進化，這種設計方式依舊存活於現代

超跑的引擎是
引擎緊密化最顯著的例子

和旁邊的 Z1 比起來，最新款超跑將變速箱的位置移到汽缸正後方，縮短引擎前後長度，讓各軸呈現倒 V 字型的配置，對於重量集中也有不小的貢獻

A 為了廣範圍地獲得循跡力 必須拉長搖臂長度

而來的拉扯力量會移向距離比較近的搖臂下方，讓後避震在這個時候回彈，反而可以增加抓地力。

話又說回來，不管是比賽用廠車或是超跑，技術都集中於提升彎道性能，這點各位都心知肚明，也就是說，為了更有效率的過彎，最優先的考量就是如何縮短軸距的前、後輪距離，但如果直接縮短軸距的話，搖臂相對地也必須跟著一起縮短，這麼一來，剛剛所提到的搖臂鎖點的位置關係就無法產生足夠的循跡力效果，因為搖臂越長的話，鎖點周圍的角度變化越小，也能有效防止負面影響。

因此，為了保持迴旋性能優異的短軸距，又要在各種彎道發揮出循跡力效果的長搖臂，縮短引擎前後長度是必然的結果，同樣的軸距下，如果引擎的前後長度越短的話，搖臂就能伸長。

但是這只是以過彎性能為最優先考量的跑車才需要設想到的事情，對於比較不需要急速迴旋的車款來說，也不是非得縮短引擎前後長度吧，但是大多沒有導流罩的街車都和跑車共用車架和引擎，讓人不禁覺得外露的引擎已經不像以前那樣具有魄力，實在有點可惜。

雖然曾經有人對我說過像以前那種高把、威風凜凜的氣冷引擎引擎要符合現代的廢氣排放標準和噪音法規已經有點困難了，但能的話希望還是有機會可以讓這些車款重新復活。

究竟是為什麼需要調校避震的設定呢？

MotoGP 等頂級賽事中會以什麼為目標來調整避震器呢？全世界有無數種的彎道，又是配合哪一點呢？這樣一來真的可以縮短單圈的秒數嗎？

因應不同的操駕環境

在賽車場上重複繞圈，也就是來回攻略同一個彎道，並且以最高速通過彎道的避震器設定，和一般道路上可以從容因應各種狀況，讓操駕更為安全輕鬆的避震器設定，兩者的追求不太一樣。

在賽道上為了縮短單圈秒數，舉例來說，如果高速彎道是決勝點的話，就會將後避震設定在可以有效率地讓循跡力作動的位置。如果讓避震器太過於下沉的話，轉開油門的瞬間就會無法順利地讓輪胎擠壓路面。相反地，有的時候也會犧牲高速彎道的循跡力，而以低中速彎道的抓地力為優先的場合。

再加上有的時候還有上、下坡的問題，那麼到底是要讓避震器可以在左右壓車切入時可以迅速回彈讓輪胎追隨路面，還是維持可以隨時放膽攻略彎道的態勢，其實常常會陷入兩難。

前叉又會更為複雜，如果在進彎時因為減速的關係讓前叉的下沉位置過深，進彎後會導致前叉幾乎無法回彈，損及路面追隨性能，這時如果轉開油門進入加速狀態，前輪就有可能會慢慢地被推向外側。那麼如果刻意讓前叉不要太過下沉，在傾斜壓車到切進彎道的過程間，前輪會有機會產生彈跳，如果將下沉的速度和停止的位置以及回彈時的速度配合操駕節奏的話，當然可以避免產生上述的問題，但因為彎道的種類千變萬化，並沒有一種所謂平均型的設定。

就如同上述所說的，賽車比賽是不斷地在賽道上繞圈行駛，並且攻略順序相同的彎道，避震器的設定也以此為目標調整，當然不能和一般道路駕駛通用，也許各位有相當喜愛的地方，每一次都要去跑同一條山路享受攻略彎道的樂趣，那麼採用賽道的思考邏輯來調整避震

一般公路上行駛
可以把阻尼調到最弱

如果對於摩托車感到沉重的話，那麼除了調整預載之外，還可以將避震器的阻尼調弱，增加騎乘時的輕快感，如果將回彈側的阻尼調軟的話，應該會覺得避震器更容易移動。習慣之後可以配合自己的行駛方式來調整

市售車會考慮各種情況設定避震器的出廠值

市售車的避震器因為顧慮到道路環境狀況、騎士的體重、還有堆積行李等關係，所以大多以最大公約數來設定，因此這種設定基本上可以說不適合大多數的騎士，只要將避震器配合自己的體重調整，騎起來就會比較輕鬆

打算減少秒數的地方不同優先順位也不一樣

要面對各種突發狀況的一般公路和在規劃好路線內重複繞圈的賽車場，兩者所追求的設定完全不一樣，在比賽中，最優先的考量是縮短單圈秒數，就配合各自的行駛目的來調整設定吧

也不是不行，但是在一般道路上用著極限的設定做極端地操駕，也會提高發生危險的風險，因此我是不太推薦。

那麼接下來就來談談對於一般道路來說，避震器設定的重點是什麼吧，首先各位請將日本車廠的設定應該比較符合亞洲人的想法拋諸腦後吧。以西方國家來說，在郊區等沒有速限的高速公路上，如果是兩位大隻佬雙載行駛通過高速彎道的時候，只要路面稍有高低不平，車身就會開始搖晃，如果搖晃增強的話，除了會發生危險之外，接下來等著的也就是數之不清的訴訟問題，因此車廠在摩托車出廠的時候，為了在這種狀況下讓車身不至於劇烈搖晃，會將避震器的設定調硬一點。

所以在常識上看來，如果在亞洲地區的山道上行駛的時候，避震器的設定都會偏硬，避震器的動作太過遲鈍的話，會讓操作感變沉重，自由度也會降低。所以如果盡可能地將阻尼調弱的話，就可以得到相對輕快地操駕感，而且就算將阻尼調到最弱，但因為調校的不是主要緩衝閥的關係，不用擔心會因為太弱而產生危險。

另外，因為亞洲人的體重普遍比歐美騎士還要輕，所以預載也要調弱一點，當跨坐上車的時候避震器約莫下沉1/4～1/3左右，總之對於大型重機來說，出廠時的設定並不是最佳設定。簡單來說，如何讓騎車時不會覺得恐懼，就是一般道路騎乘時避震設定最主要的目標。

A 賽車會以減少單圈秒數為優先調校避震器的設定

報導上寫車架會彎曲到底是什麼樣的感覺呢？

雜誌對於車架有軟、硬、彎曲等描述。專業騎士竟然可以察覺其中差異？對於一般人來說應該只會覺得車架堅硬，避震器柔軟有彈性吧。車廠真的會針對不同車種去調整車架的軟硬度嗎？軟硬又有什麼各自的優缺點呢？

用來緩衝受到的應力

當看到柔軟的車架這種形容方式，大部分的人應該都會覺得車架受到一定程度以上的力道時會柔軟變形來緩衝，但是如果真的這樣的話，可以斷定這台車架明顯的剛性不足。

假設真的可以柔軟到這種程度，那麼作用力減弱時車架會如同彈簧一樣回復原狀，這時就會產生連騎士都無法預測的動作，在很久以前的確有這種風險極高的摩托車存在，但對於現在的技術來說，可以說是不可能出現的事情。

就如同這位讀者所說，車架要堅硬具有剛性，避震器柔軟可以吸收衝擊是基本中的基本，特地將車架調軟來吸收衝擊力可以說是相當不現實的想法。

但是在開發比賽用廠車或是超跑的時候一定會提到賦予車身彈性這個說法，這又是怎麼一回事呢？如果要簡單說明又不怕各位誤會的話，不管把剛性提升到多強，在全力煞車及全傾角壓車大手油門加速的時候所產生的最大負重，最終多少都會讓車身產生些微的扭曲。

為了讓這種無論如何都會產生的扭曲不要對騎士造成有如彈簧回彈時的缺點，近年來偏向於刻意將車身某些部份調整成較具有彈性，來緩衝扭曲時產生的反作用力，這就是工程師所說的對車身賦予彈性。

舉例來說，為了可以讓被賦予高剛性的轉向三角台周遭在全力煞車到極限時不要彈跳，會把附近設計成較具彈性，或是為了讓搖臂在循跡力產生的時候，後輪得以承受強大的負重，以及不要產生晃動，在出現打滑等危險場面時可以吸收衝擊而刻意調整剛性平衡，將後輪輪轂和鎖點之間製造出些許的強弱差異。

開發比賽用廠車時
常常會提到的「彈性」

就算是比賽用的廠車，在全力煞車時伴隨而來的巨大負荷依舊會讓車身稍微扭曲，為了降低可能會出現的負面影響，部分位置在設計上會稍微調軟一點，以整體剛性平衡為考量所開發而成

義大利人所拿手的編織車架
也會追求更理想的剛性平衡

提到義大利的摩托車廠，大多喜歡採用以直線的鋼管連結而成的鋼管編織車架，雖然從外觀上看來好像全部的尺寸都一樣，不過有些部分的管徑和厚度則有改變，這也是追求讓騎士的感性能更快熟悉車輛的結果之一

以旅遊為前提的摩托車
有好操駕和不易疲勞的差別

舉例來說，就算是以休旅為前提所開發的車款，也會隨著目的不同而改變設計，不單純只是為了速度，還有長距離行駛時不易疲勞的特性等等，車廠都會重複測試並且投入獨特的技術

A 讓人類的感性更快熟悉 箇中差異正反映了 每家車廠獨特的經驗

如果整個車架剛性過高時，有如鐵塊的車身會讓騎士覺得過於沉重，簡單來說，不是剛性越強就是越好。不管怎麼說，比賽用廠車和職業騎士之間的關係並不像一般人認為的那樣和普通騎士毫無關係，就算是以旅遊為前提的摩托車，也會將各種作用力產生的方式當作情報，讓騎士更好操駕，更容易感受車身動態以及不易疲勞為目標改良車款。

另外就算是義大利車廠，大多喜歡利用直線較短的金屬管連結而成的鋼管編織車架，也聽過在開發時嘗試過各種管徑和厚度，並且在錯誤中進步學習的故事。

到底要如何讓人類的感性能更容易地熟悉車身，有的摩托車會忠實地以此為目標開發，有的則是以設計和開發速度為優先，反而不太在意這一塊，經驗尚淺的騎士就算不了解各中緣由，一樣可以感到哪一台車更好操駕和更容易上手，被稱作名車傳頌於世的車款和其他普通車款確實有著涇渭分明的差距，雖然說對車身的評價無法靠想像力來天馬行空的描述，但其中奧妙之處也的確有著只可意會不能言傳的部分，對於我們這些做雜誌的人來說，怎麼樣努力讓讀者從文字中感受到差距，也是未來需要加強的部分，這位讀者真的是問出了很好的問題。

摩托車的油表顯示和真的剩餘量會有很大的差異嗎？

曾經聽過人說當冷車的時候如果油量略低於一半，利用側柱駐車時油表指針會因為油面傾斜的關係而誤判到接近E的位置。開始行駛後指針卻會回到一半多一點的地方。實際上油表的表示和真正的剩餘量會有這麼多的差距嗎？

以前的確有這個問題

油表的原理基本上是利用油箱內的塑膠浮球隨著油量上下浮動，帶動浮球的連桿，改變電氣訊號來更動顯示情形。

但是加滿油後，油表會持續顯示滿油的狀態，然後在中途突然一口氣下降，常常令車主丈二金剛摸不著頭腦，這其實是有幾個理由的。

首先第一點是油箱的形狀，以傳統的單臂搖籃式車架來說，油箱正中間會有一根極粗的管子連結轉向軸和車身中央部，油箱再包覆住這根管子，也就是說呈現被左右分割的形狀。

這麼一來，當油量降低來到被車架左右分割的部分時，浮標的高度和汽油的剩餘量兩者之間的比例就和加滿油時的狀況不太一樣。

而就算是超跑車款，油箱中間沒有被一根車身骨架貫穿，底部是平面的情況，因為油箱前面的部分寬廣，後面則為了方便騎士用膝蓋夾住而變得較為內縮，所以和滿油的狀態也會不成比例，才會有好像油表都不太會動，或是突然一口氣下降等沒辦法正確顯示的情況出現。

另外油箱的正下方還有可能設有空氣濾心，外觀上就算看起來和一般跑車一模一樣，但只是被外觀巧妙掩飾，實際上油箱可能會延伸到坐墊底下，有著異於常態的油箱設計，外型越複雜，越難按照正確比例顯示剩餘油量。

而且像這位讀者所說，當利用側柱停車的時候，車身會傾斜，這時取決於浮標處於油箱左側或右側，有可能出現明明還有一半左右的油量，但油表的顯示卻搞不懂在幹什麼，一旦當摩托車直立開始行駛之後，油面回復平整，浮標回到正確位置，油表才又開始正確顯示。

以前的化油器多半採用

車身傾斜的時候
比較無法顯示正確的剩餘量

如果摩托車採用以油箱內的浮標來計算剩餘油量時，如果利用側柱停車使車身傾斜的話，油表常常會低估油箱內的殘餘油量，越舊的摩托車越有這種傾向，所以請在車身直立的時候測量油量

加油的時機
可以利用里程數來估算

就算是搭載了最新電子設備的摩托車，還是把油表當作參考數值比較好，加油的時機得要靠行駛里程來決定，三不五時地加油，對於旅途中的騎士也是不錯的休息方式

油箱的形狀不同
也有可能降低正確性

汽油真正的剩餘量和油表的顯示有落差，有很大的原因是出自於油箱形狀，有些車架會貫穿油箱中心將其左右分隔，就算是底部水平的構造，但因為整體形狀較為複雜的關係，導致油表無法正確顯示

A 最新款摩托車的誤差已經越來越少

自動落下式，所以會設有活栓構造，這個在油箱內突起的細小針管就是主要的油路，當油面低於針管時，只要將側面的旋鈕轉到預備油箱的位置，大概還有幾公升的剩餘油量，可以說是相當便利的機構，不過最近因為排氣法規越來越嚴苛的關係，大部分的化油器車款已經變成噴射引擎，採用電子幫浦來供給燃料，本來預備油箱的原理是建構於燃料系統採用汽缸內的負壓來自動吸入汽油之上，所以現在的噴射引擎也就無法再設置預備油箱的機能了。

因為上述關係，油表的顯示才會在有的時候感覺相當不可靠，不過新款摩托車的油表都會結合噴射引擎的電子機能，利用浮標的位置來正確演算剩餘油量，而且大部分的油表也都換成了液晶顯示，有些甚至可以自動估算以當前速度行駛時大約還有多少續航距離。

不管怎麼說都是自己的摩托車，可以試著在加滿油的時候先將里程記錄表歸零，然後了解大約行駛多少公里後需要加油，下次當里程數來到差不多的時候自己心裡也會有個底，了解一桶油大概可以行駛多少距離，也有助於提前發現油表是否有故障的問題。

而且當長時間連續行駛的時候，除了身體以外，集中力也會令人意外地倍感疲憊，在旅途中加油也能稍微緩口氣休息一下，請務必活用里程記錄器來定期加油。

游刃有餘地操控摩托車是每位車友的目標，操駕篇收錄了各式各樣的操駕問題，舉凡循跡力的激發方式、雨天操駕、重心移動、小幅度轉彎等等，讓車友們除了騎得帥氣之外，更能騎得安全

II 操駕篇

要停車時都會在快停止的時候搖搖晃晃 有沒有更加平順安全的停車操控方式？

在紅燈前或是其他需要停車的時候總是會在即將靜止前搖搖晃晃看起來感覺好像快要跌倒似的樣子，除了難看之外還讓人感到非常不安要怎麼樣才能更平穩帥氣又安心地停車呢？

單腳踩在地面更穩定

會造成這種情況大部分應該是座位太高，停車時兩腳無法平穩的腳踏實地吧，所以當騎著這種座位比較高的摩托車，在要停車時可以先移動腰部，讓單腳預備好支撐摩托車的姿勢，要用哪一隻腳就看個人習慣，覺得順腳就可以了。不過大部分的人軸心腳都是左腳，所以讓左腳著地會比較安心，而且最後還能利用右腳踩後煞車。不過這時問題就來了，停車後要打空檔或是起步時要掛一檔都必須讓右腳踩在地面上，在換腳時就會提高立定轉倒的風險了。

所以當需要把著地腳由左腳換成右腳時，只要學會如何在坐墊上利用滑動腰部來換腳的技巧，就會發現換腳其實另人出乎意料的簡單。而且摩托車從直立狀態傾斜到單腳無法使力支撐而倒車的角度其實是需要一點時間的，也就是說，不需要害怕一時沒有腳在支撐愛車就會一瞬間倒車的情況。

如果是要用右腳著地的話，理所當然的會無法使用後煞車，但是卻有可以直接用左腳操作排檔踏桿的優點，只是因為大多數人的軸心腳都不是右腳，很容易會

停車前向外移動腰部

用單腳確實著地支撐

騎乘座位較高的摩托車在等紅綠燈的時候不要用雙腳腳尖著地，移動腰部後讓單腳穩穩地踩在地面上會更安心，也能減緩停車前後的搖晃感，在停車前就先稍微移動腰部就預備姿勢吧

座位較高的摩托車
越容易在停車時搖搖晃晃

以過彎效率為最優先考量的超跑，座高都會比一般的摩托車高，犧牲掉腳的著地性，因此在低速時會比較難掌握平衡感，容易搖搖晃晃

停車時把腳往前方伸出
會減少立定轉倒的風險

停車時把腳伸的比身體還前面是不變的鐵則，如果只是把腳往正側邊或是朝後伸出的話，會比較不容易施力支撐傾斜的摩托車，就算塞在車陣中也不要忘記把腳往前伸喔

停車前就先向外移動腰部 準備好單腳停車的姿勢

陷入只用腳尖點地勉強撐著的情況，問題在於摩托車靜止前會緩緩滑動，因為只是稍微用腳尖點在路面的關係，車子往前滑動的話就會逐漸搆不到地，也會讓人慢慢開始焦慮。為了避免發生上述情況，我在停車時不會採取平緩的方式，反而會在最後有一個頓點，讓摩托車明確地停下來，塞車的時候也不會緩緩移動，需要停車的時候就確實停下來，然後再看前車的狀況找好時機起步，總之就是盡量減少極低速滑動的狀態。

在極低速行駛時，為了抓到平衡感而一直左右搖晃的話是不會有任何好處的，與其這樣還不如穩穩的用膝蓋夾住油箱、手臂不要出力，反而會讓摩托車穩定下來，然後不要繼續晃阿晃的向前滑動，馬上停車吧。

就算在塞車或是需要維持低速行駛狀況下，起步之後還是要馬上把兩腳踩上腳踏，雖然知道沒多久又要停車了，但兩隻腳在外面晃動反而會讓車身更加不穩。

最後要提醒各位的是當騎乘旅遊進入尾聲，已經快到家的時候，反而更需要在腦海裡反芻提醒自己上述所說的各種注意事項，因為在外頭跑了一整天一定是身心俱疲的狀態，所有的反應能力都會下降，很容易在進家門前的最後一刻發生意外或是在家門口立定轉倒，為了不要讓自己陷入後悔的窘境，就好好提醒自己腳的著地方式吧。

每一次攻略彎道都對前輪打滑感到不安 該如何做才能順利操駕享受騎乘樂趣？

我每一次在切入過彎的時候對於前輪的狀況都會小心翼翼且非常在意腦海中充斥著「如果打滑的話該怎麼是好」的負面想法，甚至影響到操駕所以無法順利做出過彎傾角等切入動作，該怎麼樣才能解決這個問題呢？

試著放鬆上半身的力量

如果有在濕滑路面上前煞制動力過強導致打滑轉倒的慘痛經驗，或是在彎道途中因為路面的高低差讓龍頭左右晃動，心臟嚇到差點噴出來，這些突然無法確實掌握前輪而產生的恐懼感，有時的確會讓人好像受到創傷症候群一樣久久不能平復。

光靠口頭說明前輪的構造與機能，想必無法讓讀者心中釋懷，那麼我們先就前輪的功用與特性，以及有可能出現的反應來逐步解釋。

前輪為了保有其直線前進的性能，加上維持車身穩定，讓車身可以筆直行駛而不會左右搖晃，前叉都會採用斜斜的方式安裝，這樣可以讓車身在傾斜迴旋時前輪不會去妨害到後輪的迴旋軌跡，並且追隨後輪往傾斜的方向前進，也就是還有包含讓車身容易傾斜的特性。所以當失去平衡的時候龍頭才會左右晃動，誘發不穩定的因子，增加打滑的危險。

那麼要麼樣才能漸漸從這種窘境中解脫呢？預防勝於治療，可以先將握住龍頭的手心與手腕、手肘與肩膀的力量放鬆，也就是不要讓握住龍頭的手臂來支撐身體重量，因此要多注意就坐位

向後就座

向前就座

改變就坐位置的話
前輪的動向也會改變

前輪的動向會因為就坐位置靠前或後移動而有所改變，靠前的話在低速時可以比較安心，靠後就坐的話當速度提升起來後會比較輕快，當然都要以不限制龍頭為前提

前輪就是在搖晃中取得平衡

在車身的構造上，前輪本來就會稍微左右搖晃來維持平衡，但如果在切入一開始就去限制龍頭的話，反而會無法順利過彎，重點是不要無意義的施力

從握把的外側開始用圈住的感覺握握把

用小指和無名指以圈住的方式從握把外側開始掌握握把，這樣的話就不會妨礙到前輪的左右動作，也不容易因為外力而突然用力干擾龍頭，只要這樣做就能減少不安要素

A 改變握龍頭的方式 試著從掌心外側 讓小指與無名指捲住握把

置以及習慣放鬆兩臂力量。

最重要的訣竅是在握龍頭的時候要從手掌的外側開始，讓無名指和小拇指用捲住的方式來握握把，這時要注意位置要稍微靠外側，讓大拇指和食指距離握把基部約一根手指頭的距離。藉此就能在前輪失去平衡的瞬間不會讓兩手腕、手臂、乃至兩肩產生過多的反應。

試驗時可以先把側柱踢出來，然後跨上摩托車並將其直立，請另外一個人左右搖晃龍頭試看看，如果是用整個手掌抵住握把的話，應該會感覺兩臂到兩肩還有上半身都在搖晃，但若是用手掌外側的話，意外地會覺得震動比較不會傳到上半身，也就不會特別注意到龍頭在搖晃了。

藉著這個姿勢，可以緩衝龍頭的力量直接傳導到身上，並且可以降低因為手臂過於僵硬干擾前輪而打滑的危險，或是減緩因龍頭晃動而過度不安的窘境，達到防範於未然的效果。

這個方式除了是操作拉車拉桿的基本姿勢以外，在長途騎乘旅遊時也能防止手掌痠痛，並且在各種操作中還有保持平衡的效果，騎乘資歷較長的人在手指根部都會因為長時間騎乘而長繭，只不過姿勢正確的騎士繭會長在無名指與小指下，而不是在食指與中指根部。

為什麼車手在比賽時都會將煞車保留到彎道深處呢？

常常在 MotoGP 比賽實況中看到選手們在進彎後都會到了彎道深處才開始放開煞車拉桿 在這麼嚴峻的壓車傾角中使用煞車不會出問題嗎？

配備規格不同

比賽實況可以說是觀賞極限操駕技巧的最高級娛樂，看著他們彷彿不要命似的衝進彎道，交互廝殺後進入迴旋階段，的確是令人血脈噴張。但其實比賽場面常常被人誤解也是事實，舉例來説，騎士和技師會為了因應不同的賽道調整廠車的設定，讓騎士可以用著極限的技巧挑戰各個彎道，我想不用特別強調，各位應該也知道如果想在公路上模仿的話是件極度危險的事情吧。

這位讀者所詢問的衝進彎道深處還含著煞車也是如此，這是因為前後所配置的比賽用光頭胎的簾布層構造和一般輪胎不一樣的關係，所以能在難以置信的壓車傾角中發揮出抓地力，所以就算您的愛車擁有世界級水準的制動力，在一般公路上也一樣無法模仿比賽時全傾角壓車磨膝過彎的動作，再加上前輪的懸吊設定又與猛烈煞車的效果息息相關，所以廠車的懸吊設定和為了可以對應各式各樣路況的一般重機完全是不同領域，也因此才能做出超越極限的操駕。

話説回來，高速衝進彎道，在車身直立的狀態下維持大力扣住前煞直接壓車切入，就算是 MotoGP 的神駒也還是有打滑的危險，而且放鬆煞車壓力可以使全速衝刺的前輪在切入的瞬間更容易追隨後輪的動作，也就是能更輕巧的過彎，這些基本邏輯和一般摩托車是沒什麼兩樣，只不過 MotoGP 跟我們的水準不一樣而已，他們會從超高速急遽減速產生的反作用力中利用煞車調整負重，在藉由其間的落差來製造順利切入契機，然後為了讓前輪在切入的初期階段到迴旋階段都能維持高抓地力，所以都會維持煞車直到彎道深處，只不過一樣是用著慢慢釋放拉桿的方式來調

MotoGP 廠車有著不同領域的製造工法

因為要在賽車場上重複奔馳進行爭分奪秒的戰鬥，所以比賽用廠車的開發重點都集中在如何順利連接強力煞車、全傾角壓車磨肘過彎、油門全開加速等項目，以及每個賽道都有專用的設定，是完全不同次元的領域

透過電視無法理解
正在進行的操作有多纖細

明明用著全傾角壓車過彎卻不用把煞車放掉！給人摩托車都要磨到地面了還完全扣著煞車不放的錯覺，但其實他們會慢慢地釋放煞車讓過彎更銳利

用市售車和在公路上
無法模仿的神技

MotoGP 廠車無論是光頭胎或是賽車場的地面，連懸吊都為了可以在強力煞車時壓車過彎而有專用的設定，一般道路上因為容易打滑，輪胎也以穩定性為優先，想要維持強力煞車的狀況直接壓車過彎也會因為過重而打滑收場

A 因為前後輪使用的光頭胎與市售車的規格不同才能使出令人讚嘆的美技

整負重範圍。

不過要注意的是，乍看之下MotoGP的騎士操作煞車的動作好像毫無技巧只是一口氣大力扣到底的感覺，但其實不是這樣子的，的確可以看出在後輪浮起之前，車身會因為無法抵擋強勁的減速反作用力而左右搖晃，但假設他們只是隨意操作的話，到了最重要的地方，也就是彎道的切入點時，就無法有效率地切入轉向，這點不論騎什麼車都一樣，所以整個動作其實潛藏著纖細的操控。

就算播報鏡頭再怎麼放大在煞車的操控上，於電視畫面上也只能看到拉桿和手指頭的動作，無法得知前叉因為煞車產生的下沉量，所以就算是用慢動作觀賞也無法看出頂尖騎士們才能做到的些微差異與精巧微妙的重心控制。

騎士們越能將各種狀態變化平順地連接在一起，就越能展現那些極限般的技巧，如果讓行駛階段轉換時過於唐突的話，輪胎正在臨界點中巧妙維持平衡的抓地力就會突然消失，導致車子打滑轉倒。

開發廠車的優先條件也是為了可以讓騎士更容易在鋼索上跳舞，而騎士也被要求能纖細地操控這些動力兇悍的猛駒，在MotoGP的場子裡，只靠匹夫之勇是沒有用的。

為了打下良好的基礎要從越野路段開始練習？

以前有人跟我說想要確實掌握騎乘技巧的話，去越野路段練習的效果極佳，為了替騎乘技巧打下扎實的地基，真的需要從越野車開始嗎？

盡早提前煞車減速

於 1980 年代時，Kenny Roberts 等美國騎士在 WGP 的世界裡風靡一時，但是與其說他們是出身於越野滑胎賽，刻意在越野滑胎賽中練習並打下良好的基礎，倒不如說是因為當時美國 AMA 比賽的冠軍需要以越野滑胎賽和公路賽的合計積分來爭奪高下，所以他們有越野滑胎賽的經驗也屬正常。

越野滑胎賽的摩托車是沒有前輪煞車的，在進彎前沒辦法利用前輪煞車來減速的情況下，騎士們會直接讓後輪打滑並且甩向外側來減低車速及變換行進方向，然後在所謂的逆操舵的狀態下轉開油門加速，因為是一種要在打滑的狀態下控制車身的技巧，在需要極限操駕的 MotoGP 中也相當有效，這點我想各位也知道。

因此越野滑胎賽的確可以加強對車身的掌握，增加人車一體感，如果想要以賽車手為職業，人還年輕，目標又放在世界的頂點時，通過越野滑胎賽的考驗其實是有益而無害的，甚至說多加練習一定有好處。但是如果是已經 40 幾歲，只想在假日體驗一下騎乘樂趣，滿足騎車跑山和進賽道奔馳的慾望，反而沒有跑越野路段練習的必要。

而且要在越野路段練習滑胎時失敗轉倒的話也是會受傷，如果想要降低受傷的風險，就需要花比較長的時間來掌握滑胎的感覺，不過請不要誤會，我不是指跑越野路段比公路危險或一定會受傷，相反的，披荊斬棘地爬過顛坡路段，利用身體的平衡和油門操作來維持車身

MotoGP 的頂尖騎士也會於滑胎賽中練習技巧

1980 年代美國騎士稱霸車壇的時候，他們大多有越野滑胎賽的經驗，所以現在一切頂尖選手也會為了培養滑胎的感覺而進入越野路段練習，但也必須背負如果受傷的話整季就報銷的風險

越野教學駕訓班
是一個不錯的選擇

飛越障礙，稍微簡單地滑一下胎，未鋪裝路段的樂趣與公路可以說是完全不同，還能享受大自然，現在有些地方有在舉辦越野教學駕訓班，參加這種課程也還不錯

直立行駛，其實是一種需要極大的體力，運動感也相當高的活動，掌握到訣竅的話可是能享受到一般公路所無法體驗的樂趣，如果是打算享受多樣化的摩托車騎乘樂趣的話，有機會一定要去嘗試看看。

回到騎車這件事情上面，我可以理解大家腦中都會浮現在蜿蜒的山路或是賽車場中風馳電掣的畫面，但騎得快並不代表就是技術一流或是比較能享受騎乘樂趣。

只打算在假日當作樂趣 那就沒有一定要 先去越野練習技巧的必要

常常有人會問我要如何克服恐懼感之類的問題，每個人都想好好發揮愛車應有的性能，這點無論是誰都一樣，不過我每一次都給同一個答案：恐懼感其實是自己的防衛本能有正常啟動的證據，請不要想把這種感覺消除掉。如果想要進步的話，可以先從強力操作煞車開始練習，在彎道中放鬆上半身，記住後輪咬住路面的感覺，然後確實掌握住愛車的平衡點，練習人車一體才是最重要的。

言歸正傳，所以這位讀者如果看到自己喜歡的車子時，請不要猶豫馬上入手吧，因為不論是哪種車都需要花一點時間熟悉，操駕摩托車的難度與樂趣其實是一體兩面的，就連我現在騎車出門也需要花點時間重新掌握自己與愛車的關係，才能進入人車一體的狀態。

像壓車傾角有多深、磨膝過彎，或是有沒有吃滿胎這種話題當聚會時下酒的佳餚也就夠了，但想要長長久久騎車的話，要先在合理的範圍內累積經驗，千萬不要在經驗還不夠的時候就貿然嘗試，因為都已經40幾歲了，為了不讓家人反對騎車，絕對要避免發生意外，一直在心裡提醒自己的話，就能好好享受重機人生了。

小排氣量摩托車的操駕方式和公升級超跑有什麼不一樣嗎？

最近黃牌級距車款越來越豐富，令人雀躍不已不過中小排氣量車的操駕方式卻讓我很好奇和操駕大型車或跑車有什麼不一樣的地方嗎？

依舊有十足的樂趣

關於如何操駕這個級距的摩托車，我想重點應該是在於如何和大排氣量摩托車或超跑一樣，享受後輪咬住路面，激發循跡力過彎的感覺，這也是摩托車操駕最令人欲罷不能的醍醐味所在。

在賽車場奔馳時，大排氣量摩托車需要在曲率比較大、迴旋時間比較長的彎道才能充分享受到過彎的醍醐味，但是小排氣量的摩托車就不一樣了，就算是在山道騎乘時，曲率比較小也能充分享受過彎的魅力。

當然在賽車場時就算像Moto3一樣壓低身體也不太可能騎出大排氣量超跑的迴旋速度，但也不可能用著輕檔車等小排氣量摩托車特有的方式來操駕250 cc～400 cc級距的摩托車。

所以這邊就來談談如何在山道中享受騎乘樂趣，首先當然是不要對車身施予多餘的力量，這點只要是騎車就不會變，尤其是輕量化的車身不會和大型重機一樣穩定，所以很容易受到騎士的動作影響，進而劣化輪胎的抓地力，本來可以輕鬆維持平衡漂亮過彎，結果卻因為車身受到騎士的影響，讓迴旋速度下降，出彎曲線外拋。

想要讓扎實激發出摩托車的迴旋力，也就是讓車身重量和正在傾斜迴旋的輪胎取得平衡，最重要的是準確地把身體重量分配於輪胎上面，在壓車時不要干擾車身自然轉向的動作，應該就能

就算是老手也會覺得
非常有趣的 250 cc跑車

1980 年代仿賽車在日本最流行時的主角，但隨著大型重機漸漸變成主流後，這個級距逐漸變成新手或年輕人入門的車款，不過最近東南亞也慢慢吹起 250 cc跑車熱潮

KAWASAKI Ninja250

YAMAHA YZF-R25

比起大型重機
更需要細膩地操駕

龍頭就不用說了，因為車重較輕的關係，很容易會受到騎士的蠻力操駕影響，進而降低過彎效率和出彎速度，要想騎好這種車，纖細的操控技巧可以說是不可或缺的

公路也能盡情享受
250 cc級距的樂趣

就算馬力全開也不用擔心可能會像大排氣量摩托車一樣打滑，可以簡單享受輪胎咬住路面銳利過彎的樂趣，而輕盈的重量對每個年齡層的騎士都相當友善好操控

不要想用蠻力控制車身 或是對車身施加多餘力量

感受到摩托車目前的狀態，雖然不是說可以穩定到一點多餘的動靜都沒有，車身還是會在一定的範圍裡搖晃，但不要用蠻力抵抗，纖細地操控才是操駕重點。

另外在引擎的轉速域上，因為排氣量不大的關係，很容易不小心就會習慣去使用高轉速、高馬力輸出的轉速域，這樣的話會在不知不覺中對後輪造成太大的負擔，所以訣竅就是迅速換檔讓扭力維持在可以持續上升的轉速域中，單缸車款的話就在中轉速域時頻繁換檔，有些騎士會覺得在操駕排氣量比較小的摩托車比較難感受到循跡力，原因也是出自於習慣拉轉使用高轉速域的關係，這樣的話會使操作容錯率較低，就像在走鋼索一樣同時也伴隨著極大的風險，這點請讀者一定要記在心上。

像這樣子常常細心地去感受摩托車傳回來的回饋，掌握人車一體的感覺，就算不用著戰鬥姿態呼嘯過彎，光感受引擎和車身的鼓動以及體驗抓地感應該就能享受到不少的樂趣了，如果還想要進一步享受煞車操作時機，扣動煞車讓車身擺正然後順勢反向切入帥氣攻略S型彎道等比較深奧的操駕樂趣時，如果不提醒自己放鬆身體力量不要對車身施予多餘的力氣的話，是無法正確激發出愛車該有的潛力，我們也有在討論要不要開一個類似的教學單元，敬請各位期待。

頂尖騎士的煞車拉桿握法與一般人不同可以拿來當作參考嗎？

最近在看 MotoGP 比賽時發現一件事有些頂級選手是用三隻手指頭扣煞車，而不是用著刊頭特輯說的兩隻手指頭這樣子的操駕技巧適合我們一般人學習嗎？

還是建議兩指操控

在世界頂級賽事殿堂的MotoGP 中，有些選手的確除了食指和中指之外，還會用上無名指來操作煞車拉桿，例如現在已經是傳奇車手的Valentino Rossi。不過相反的也有人是只用一隻手指頭來控制制動力，不過刊頭特輯所推薦的兩隻指頭的方式則是最多騎士在使用的技巧。

MotoGP 在某種程度上的確是大家模仿的對象，如果連這種最高殿堂都用三隻手指頭的話，那就代表三隻手指頭的操控方式一定有其優點存在，不然頂尖騎士怎麼會使用呢？所以我們試試看也無妨，應該就能了解到底差在哪裡了吧？這樣講雖然也沒錯，但如果是在前煞操作上，就得先請各位等等了，因為前煞如果操控不當，馬上就會導致摔車，更嚴重的話甚至會出現致命危險，而且因為 MotoGP 廠車所使用的前煞和各位摩托車上裝備的是不同等級的東西，才讓騎士可以隨心所欲地操控煞車拉桿。

我想各位應該已經知道了，MotoGP 廠車使用的是碳纖維煞車碟盤，這是因為舊有的金屬材質碟盤會無法負荷 MotoGP 廠車在將近 350 km的高速下煞車時產生的熱能而扭曲，為了安定性才開發出碳纖維碟盤這種新素材。而碳纖維碟盤的製造工法又和我們已知的碳纖維導流罩和尾殼這種單純只是為了輕量化不同，因為有著特殊且繁複的工法，需要歷經幾個月的人工處理才能完成，所以現階段還屬於無法量產的賽道專用零件，當然與碳纖維碟盤磨擦的來令片也是用特殊工法製造出來的，所以就根本上而言，賽道用和一般道路用的煞車總成完全是不一樣的東西。

想當然爾，和金屬製的碟盤比起來，碳纖維碟盤加上整組煞車卡鉗可以減少至少一半的重量，讓前輪追隨路

MotoGP 騎士有著各式各樣操作拉桿的方式

龍頭就不用說了，因為車重較輕的關係，很容易會受到騎士的彎力操駕影響，進而降低過彎效率和出彎速度，要想騎好這種車，纖細的操控技巧可以說是不可或缺的

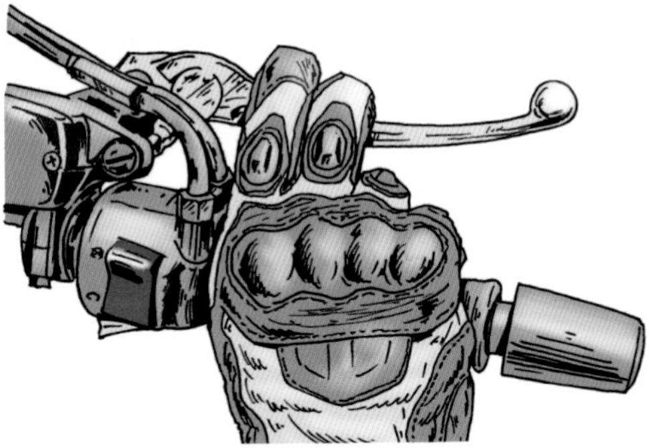

市售車的話
都以兩隻手指頭為基本

流行騎士的刊頭特輯都推薦用兩隻手指頭操作拉桿，要以市售車來練習騎乘技巧的場合，為了在操作或是釋放拉桿的時候可以感受到微妙的差異，還是練習用兩根手指頭操作吧

MotoGP 廠車都採用
碳纖維製煞車碟盤

MotoGP 需要從超越時速 300 公里的情況下緊急煞車的比賽，因此採用為了賽道特製的碳纖維煞車碟盤，和市售車的使用方式完全不同

A 車輛配備和使用方式不同 公路上推薦兩指操控

面的特性和切入進彎的靈敏度增色不少，這對於比賽來說有極大的貢獻，而且最大的優點是就算煞車時摩擦溫度高達1500度，一樣不損安定性。

但缺點就是在制動初期因為溫度不夠高，煞車反應會有點遲緩，所以在設計上就不像各位所騎的摩托車一樣有煞車間隙，而且拉桿的行程也會被拉長，可以被扣到接近油門握把的地方，這是為了讓騎士在使用煞車時可以更細膩地控制制動力道。

因此為了操作這種長行程的拉桿，不論是三隻、兩隻或是一隻指頭，每一個騎士就有其所喜好的方式，我前幾年有幸可以試騎 YZR-M1，對於碳纖維煞車的威力真的是瞠目結舌，和以往所習慣的感覺完全不同，但熟悉之後的確感覺到整體制動力的輸出非常綿密，好像自動的就能讓煞車力道緩慢悠長地輸出，讓安心感大大提升，當然操作時也不需要太大的力道，就能在時速 300 公里的情況下確實煞車，不愧是 GP 廠車，就算在這麼強大的制動力下，摩托車還是有著如普通情況般地安定感。

GP 廠車和各位所騎的車子有著如同異次元般地截然不同的煞車系統才能用三隻或是一隻手指同這種特別的方式操作，一般摩托車還是推薦用兩隻手指頭才能纖細的操控煞車力道。

就像是磨膝過彎或是磨肘過彎一樣，許多賽道上面的技巧如果在不對的場所嘗試，就很容易發生意外，騎士們需要小心注意。

在旅途中差點拋油錨出了一身冷汗 有沒有降低油耗的騎乘方式？

有一次在旅途中赫然驚覺快沒油了，膽顫心驚地好不容易抵達加油站這個時候才意識到騎乘方式對於油耗也是有影響因為平常根本沒在考慮，根本先生如果知道任何訣竅的話也請不吝分享

平順地操控油門

雖然是件不好說嘴的事情，不過每個人或多或少都曾經陷入過這種窘境，前一刻還在享受騎乘樂趣或是絕景道上的美景，回過神來突然發現油表指針已經指在「E」的位置，儀錶上的加油警示燈也亮起，在催促的騎士趕緊加油，然後整個人就陷在找加油站的焦慮中，不要說享受騎乘樂趣了，就連安心騎乘都做不到。

因為被眼前的美景或是攻略山道的樂趣所吸引而忘記定時去加油站補充汽油，說起來很慚愧，這種窘境就算是我也發生過。

而且人又身處於山路中，距離下一個有加油站的城鎮還有點距離，如果中途拋油錨了怎麼辦？腦海滿是緊張兮兮的想法，根本無法好好體會彎道的樂趣。

那麼要如何在行駛時降低油耗呢？各位很容易認為基本的方法就是用低轉速行駛，降低油門開度，減少汽油的使用自然就能降低油耗，當然引擎的點火次數越少，也就是轉速越低時油耗越少，這樣講在大體上而言是沒錯的，不過在平常所使用的轉速域內稍微少轉一點油門，實際上油耗也不會減少太多，但如果刻意拉轉的話，所需油量當然會比較多。

所以結論就是在低轉速時盡量不要猛催油門，比較有問題的是在斜坡路段，上坡時如果速度下降的話，就毫不猶豫地直接退檔吧，當然重點是不要猛催油門，而是仔細地操作離合器和精準地補油。

另外在下山時也不要為了節省油料而直接讓引擎熄火，這樣一來在有突發狀況時無法馬上操作油門來迴避危險，因為後輪沒有加速力的關係無法安定地做方向轉換，而且也不要一直握著離合器拉桿，這樣會使離合器

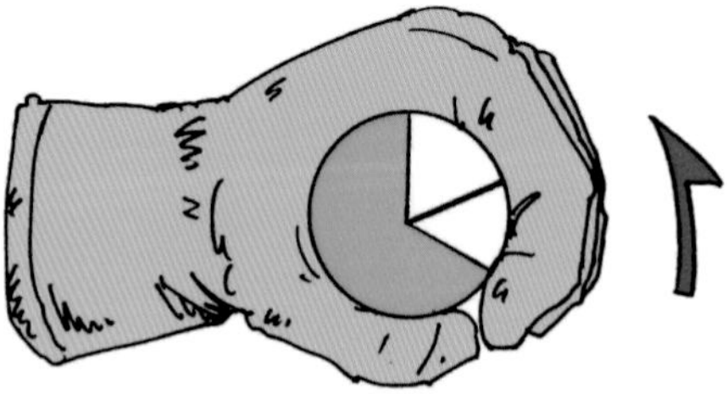

維持一定的油門開度
讓引擎處於低轉速域

降低油耗的訣竅就是讓引擎保持在低轉速，並且不要猛催油門，在上坡時與其瘋狂補油，不如確實退檔適度補油就好

牢記愛車的加油時間

為了不要讓自己陷入拋油錨的不安，以加油警示燈亮起的行駛距離做為判斷何時該加油的基準吧，以固定距離作為加油的標準時，就算長距離旅遊也不怕拋油錨了

鄉間的加油站不一定都是 24 小時營業

市區裡面的加油站理所當然地是 24 小時營業，但鄉村的加油站就不是那麼一回事了，除了會提早關門以外，有些地方連周末或國定假日都不開，所以如果要到不熟悉的地方時最好先把油加滿

過熱難以負荷產生永久性的傷害，使用引擎煞車時也要注意，總之讓引擎維持在高轉速域時就會因為點火次數提高而增加油耗，在下坡時最好還是抑制想早早抵達城鎮的心情，確實讓引擎維持在低轉速域慢慢下坡吧。

倘若真的不幸拋了油錨，不要慌張，首先將摩托車停下後保持兩腳著地的姿勢，握著龍頭讓車身前後左右搖晃看看，因為油箱形狀的關係，可能會還有一點點油殘留在凹縫處，依車款的不同，也有搖完還能再跑個幾公里的情況發生。

但基本上還是要時常確認油錶，記住自己愛車需要加油的時機，如果油箱全滿時跑個 200 公里後指針會到 E 的位置，那麼在 150 公里時經過加油站就要記得停下來一下了，這時記得將單趟里程表歸零，這樣會比較好掌握行駛距離。

不過騎士多多少少都有一旦出發後就不想停下來的性格，不過適時地休息順便加油，減少疲憊累積才是成熟騎士的行駛方式，除了可以避免拋油錨的問題之外，還能讓騎士稍事休息，回復精神，對行車安全也有非常大的幫助。

而且真的不小心拋油錨的話還得麻煩路人載到最近的加油站買油後又麻煩別人載回來，這樣對他人真的是會很過意不去，再加上又不是隨時都會遇到熱心的人，請記得不要讓自己陷入這種窘境喔！

在低轉速域時盡量避免猛催油門

A

在山道騎乘時常常搞不清楚下一個彎道應該要使用幾檔過彎？

總是覺得可以華麗過彎
但實際在彎道中卻搞不清楚下一個彎要用幾檔
如何研判該用幾檔攻略彎道呢？

重點在判斷彎道角度

山道騎乘顧名思義是在山裡面騎車，幾乎都是看不見出口的盲彎，所以對於前方彎道的曲率究竟會變嚴峻還是趨緩，誰都沒有辦法預先知道，以安全為考量的話當然要確實減速以備不測，話雖如此，進彎後才發現曲率不如想像中的大，「早知道就用更高的檔位和速度攻略了」心裡總是暗暗懊悔，而且摩托車的傾角應該還能更深，雖然是順利過彎了，但心裡的某一角總是殘留著燃燒不完全的感覺，這樣的心情我也不是不能理解。

更有甚者，常常會看到已經來回跑過幾次熟悉山路後的騎士直接磨膝過彎，好像帥氣無比，但說實在的，就算再怎麼熟悉路況，也無法預知會不會有對向來車逆向超車，也容易因為覺得已經習慣的關係漸漸用著超越極限的方式行駛，導致轉倒的不幸發生，如果想要安全享受速度的話，我是強烈推薦在日本定期舉辦的Riding Party。

那麼言歸正傳，關於該如何選擇下一個彎道所使用的檔位？首先可以利用彎道入口的角度來研判，如果角度比90度還刁鑽的話，那麼在進彎前就降到二檔吧，如果角度大於120度時就能採用三檔進彎，雖然講的好像很籠統，但基本上靠這樣來區分是不會出什麼大錯的，當然，引擎的轉速要低於4000轉以下為前提，而且也

仔細研判
前方彎道的曲率
攻略山道時最重要的就是判斷彎道曲率，若為90度或更彎時就用二檔，120度以上的和緩彎道時就可以使用三檔，對應不同狀況來選擇檔位吧

比90°還要刁鑽就用二檔

120°以上就用三檔

引擎的轉速
要低於 4000rpm

如果已經習慣如何預測彎道曲率後，就提醒自己要用高檔位、低轉速來過彎，公升級重機的話就算只有 2000rpm 也能確實引導出循跡力，讓迴旋更加安定

鏡子的位置
也有助於研判彎道狀況

可以利用鏡子來研判彎道的情況，鏡子比較靠前，曲率應該會比較和緩，鏡子設立在深處時彎道就有可能比較刁鑽，只靠這點就下判斷可能有點魯莽，但拿來當作預測的資料還算不錯

先在彎道的入口 研判彎曲角度 再判斷該使用幾檔攻略

不要忘記在切入時要毫不猶豫地放鬆身體做重心移動。

習慣之後就能漸漸延遲煞車退檔的時間，靠近彎道的同時要持續注意彎道的角度，被山壁妨礙的視線也會漸漸開闊起來，這時就能判斷這個彎道比想像中還刁鑽還是比一開始研判地還和緩，可供判斷彎道狀況的情報量應該會越來越多，這時就能放鬆煞車力道，調整進彎速度，這樣一來可以防止進彎時速度過快，也能避免過度減速而讓整個彎道變得無聊。

更加習慣了以後，如果是騎著低中速扭力十分充沛的重機時，採用的檔位可以從二檔換成三檔，或是三檔改用四檔，補油出彎擺正激發循跡力，除了在加速當中可以增加迴旋安定性以外，也能享受摩托車過彎的醍醐味。

不過要謹記在一般道路上不要使用過度的壓車傾角或是高速衝進彎道緊急煞車，這點是身為成熟大人應該有的覺悟，現在新款的摩托車安定性比較高，騎著騎著一定會激發出心中的熱血，想要挑戰自己的極限，如果真的想要感受摩托車所蘊含的潛力時，請到賽車場上才是安全享受摩托車運動的方式，如何確實預判彎道情況，用著合理的方式去攻略才是享受山道騎乘的不二法則。

操駕時感覺不到大家說的輪胎接地感該怎麼樣做才能克服這種不安呢？

在過彎時一直感受不到大家掛在嘴上的輪胎接地感從切入開始到出彎擺正總是覺得輪胎的抓地力相當薄弱朋友都說是因為我做了太多無意義的施力，該怎麼改進呢？

要先改變操駕方式

有點經驗的騎士在聊車經時應該都會提到「接地感」和「抓地感」這幾種術語吧，但知道字裡行間真正的意思，也不一定代表可以確實表達或是正確體驗過，從您提出的問題來看，感覺上也是有一定經驗的騎士了，趁著這個機會我們就從基本開始說明吧。

在深入解釋前，首先要提到的是無論接地感或是抓地感，其實都需要靠騎士自己的操駕才能引導出的感覺，以十字路口左轉這類的低速轉彎為例，相信在操作時都有為了平衡而轉開油門加速的經驗吧。

因為這個時候引擎正處於低轉速域的位置，右手會為了得到必要的動力而大幅度轉開油門，這樣一來應該會有後輪擠壓地面咬著路面的感觸才是。

這就是感受後輪抓地力的第一步。

有一點必須先告訴騎士，那就是摩托車在加速時，後避震好像會下沉這件事情其實是個誤會，如果加速時後避震會下沉的話，那麼在壓車過彎中轉開油門加速的瞬間，後輪會往路面的反方向移動，這麼一來後輪與地面的接觸壓力會下降，增加打滑的危機。

為了防止這種情況發生，鍊條驅動車都會把搖臂鎖點設定在比前齒盤軸心稍高的地方，讓鍊條因為驅動力的關係繃緊時，後避震也

轉開油門時
後輪會黏住地面

摩托車的後輪在轉開油門加速時會向下黏住地面，這時座位會稍微向上移動，讓身體藉著坐墊表面來體驗這種感覺，就能逐漸掌握抓地感

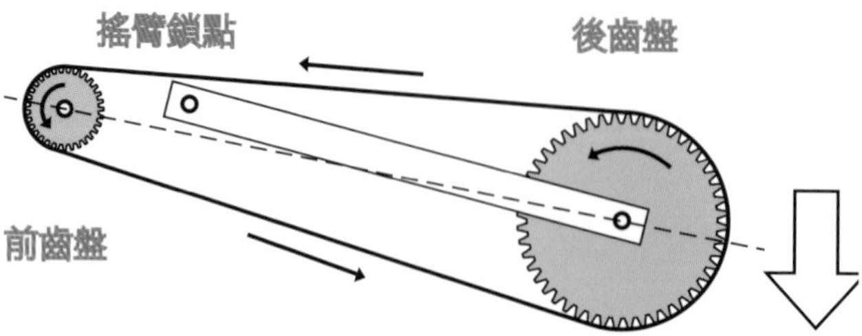

要靠騎士的操作 才能引導出後輪的接地感

輪胎的接地感（抓地感）需要靠騎士的操駕來營造，藉由轉開油門來體會後輪被擠壓並咬住路面的感覺，在十字路口轉彎時應該就能感受到

身體越是過度施力 越難感受到接地感

身體只要無意義地施力就會難以感受輪胎的抓地感，舉例來說，如果兩膝死命夾緊油箱導致臀部上浮離開坐墊表面時就會感覺不到後輪的反作用力，正確地放鬆身體力量，把體重好好地分配在坐墊上吧

A 仔細感受坐墊表面傳來的後輪產生的反作用力

不會下沉，藉此讓後輪可以緊緊咬住路面。這種方式的專門術語叫做「搖臂反蹲角」，重要到比賽用廠車甚至會隨著不同賽道做微調。

仔細觀察的話，會發現搖臂上方有塑膠或是橡膠包覆的部分，這是為了防止鍊條摩擦到搖臂，雖然我們會覺得加速時前輪浮舉，後避震下沉好像相當符合加速力學，但其實只有前叉上移，後避震不會下沉。

後輪在加速時咬住路面的時候會產生一股作用力把坐墊稍稍往上推，如果抓不到這個感覺的話，可以在直線路段把檔位固定在三檔，讓引擎轉速下降到低轉速域後一口氣大手油門，因為在低轉的關係不會有突然暴衝的危險，所以不用害怕，這時應該就能感受到坐墊因為後輪咬住路面的反作用被稍稍抬起，這就是最簡單可以掌握接地感和抓地感的方法，習慣之後只要後避震稍微有點變化，就能從坐墊傳來的回饋得知，而不再被侷限於加減速時。

只是如果身體過度施力的話就無法感受到這種微妙的變化，而且僵硬的身體還會影響車身，產生意料之外的施力。所以讓身體維持在放鬆的狀態比什麼事情都還重要。

這和掌握前輪抓地感也有異曲同工之妙，如果握著龍頭的手過度施力來支撐上半身的話，就無法掌握前輪的反饋，不過第一步先從藉由坐墊來感受後輪加減速時產生的反作用力吧。

一旦開始行駛時就不自覺地盯著路面 該怎麼辦才能改善這個問題？

已經不能算是初學者了，但還是很容易一直盯著前輪附近的地面 雖然一直被人提醒要看向遠方，注意彎道出口，偶爾試著努力看看時 又會因為不安而往下看，該怎麼辦呢？

大家都有的下意識動作

　本來在騎摩托車時，就很容易會不自覺地凝視著前輪前方的地面，會有這種問題的原因，與其說是想要早期發現路面的高低差或是不平處，可以及早做反應，不如說單純只是警戒心不聽使喚的先行動作罷了。

　如果想要提早發現路面上可能出現的狀況，應該要將視線放在遠方，這點誰都知道，但就是會下意識地將視線擺在前輪附近，事實上這樣才無法及時反應，可是心裡卻會覺得這樣才能馬上掌握情況而感到心安。

　可以試著想像下列情況，在山路騎乘攻略彎道的時候眼睛一直盯著中線會發生什麼事呢？應該會在途中發現隨著中線的曲率越來越大，但摩托車卻無法順利過彎吧？結果只好慌慌張張煞車想讓車身直立，這是最危險的操作，但卻是初學者最常出現的問題，如果可以稍微往前看的話，只要不用著太誇張的速度衝進彎道，都還來的及調整到合適的速度進彎。

　人類的視線會隨著警戒心越重而縮成一點，行駛時就算看向遠方，對焦的位置也會因為行駛著關係而離騎

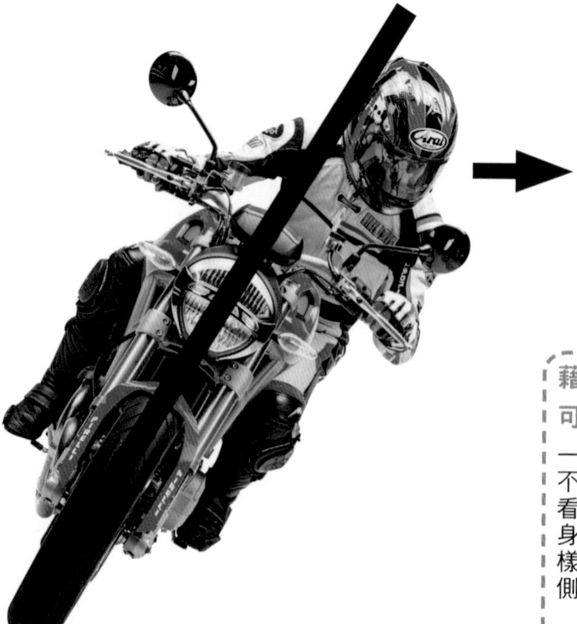

藉由看向遠方

可以讓過彎更輕快

一直耳提面命要看向遠方其實不單純只是視線的問題，藉由看向遠方的動作，可以讓上半身滑進車身中心線的內側，這樣一來身體的重心就能移向內側，讓摩托車更輕鬆的轉彎

開始切入時配合時機
將頭和肩膀面向出口

如果可以活用移動視線的動作順勢帶動身體移動重心的技巧後，就可以在減速時先把上半身面向前方，配合切入的時機順勢把頭和肩膀彎向出口，就能增加切入時的靈敏度

不要專注於一點
注意全體景像

在山路行駛時很容易不自覺看著中線或是在外側找一個標的物注視，為了解決這個問題，可以用著像看電影院的大螢幕的方式來掌握全體景像，多加訓練的話可以讓行駛時更舒適

A 訓練自己不要只看一點 而要掌握全體景色

士越來越近，當快要通過之前對焦的位置時，又會為了看向遠處而重新尋找焦點，這樣重覆更新焦點的方式容易在過程中產生看不見的區域而增加判斷失誤的風險。

那麼該如何是好呢？可以試著用類似看電影時需要將視線放在螢幕全體上的感覺來訓練自己不要只專注在一點上，當然如果只是放空的話會無法察知危險，所以必須注意視線內的風吹草動，努力維持專注力，讓視線不要一直由上往下移動，養成固定接收全體景色的習慣，最一開始可能會不太習慣，但熟練之後視線就不會一直縮小，對於減緩眼睛疲累也有不錯的效果。

而且藉由看向遠方，可以在過彎時更清楚掌握身體重心與車身之間的關連，讓重心可以處於易於過彎的位置，如果配合將視線看向彎道出口，頭部、肩膀、上半身也能順勢移至車身中軸線的內側，這樣一來也能使後輪的接地點逐漸移向彎道內側，增加迴旋力。

這一點在任何情況下都能活用，例如攻略狹小的彎道時，進彎前減速階段先將上半身面對正前方，配合開始切入的時機將頭部和肩膀轉向出口處，可以讓摩托車切入的動作更迅速，也能銳利地轉向，讓攻略彎道更輕鬆，無論是這個階段或是之前煞車減速階段，都需要上述所提及的視線訓練才有辦法將視野拓展，掌握更多彎道資訊才有辦法做到。

隔了十幾年又跨上超跑已經不知道怎麼操駕該怎麼辦？

打算重新騎看看十幾年以上沒碰過的超跑車款，但是騎過朋友的超跑後發現根本不知道該怎麼辦。雖然說的確是好騎了一點，但依舊不擅長這種前傾戰鬥的騎乘姿勢，還是乾脆繼續騎街車比較妥當呢？真是令人煩惱

放鬆身體力量

看看最新超跑的情報，循跡力控制系統已經進化到可以選擇介入程度，ABS煞車系統可以讓重新接觸超跑的中年騎士更快更安全的熟悉操駕，照道理來說應該不會騎著這麼心驚膽跳才是。

可是實際騎乘後才發現完全不是那麼一回事而喪失自信，雖然無可厚非，但也不要輕言放棄，在這裡就先講講如何不要騎得那麼膽顫心驚的入門訣竅，掌握了初步的方法後，要進步就不再難如登天。

新款超跑和舊款上最大的差異就是車身尺寸，車身前後的長短又是最大的差別，新款車身整體比舊款短很多，龍頭會在比印象中還要靠近身體不少的位置。

上半身可以說是直接覆蓋在龍頭上，姿勢前傾到一不小心手臂就會推擠到龍頭，發生利用龍頭支撐上半身全部重量的窘境。

首先可以試著將就坐位置向後移動，然後將反弓起來的背漸漸拱回來如同駝背的樣子，縮下顎，用眼睛上緣看向前方，整體而言大概是這種感覺，推薦可以使用龜背，或是附有脊椎護甲的防摔衣，用駝背來形容可能會令人一頭霧水，但簡單來說就是把背部拱起讓整體呈現圓弧狀，這樣的話應該可以確實的放鬆力量。開始行駛後，遇到需要轉彎的場合時，外側腳可以稍微出點力，然後外側的膝蓋輕輕地推向內側，就算沒有太大的傾角，稍微推一下油箱，摩托車應該也會開始傾斜轉彎。當然習慣之後，就會熟悉把身體重心移往較低位置的技巧，更有效率地轉彎，不過在一開始還不習慣的時候，可以先試著用這種方式來操作。

現代超跑有著令人驚豔的輕量化車身，所以騎士在操作時根本不用對龍頭出

不論哪一家車廠
車身線條都相當纖細

只要跨坐在近年來的超跑，都會被其重量和大小嚇一跳，因此如果只是用著騎乘旅遊的節奏在行駛時，不用大幅度地側掛壓車，只要稍微變化一下重心，就能順利簡單地過彎了

如同駝背一般地捲曲身體 並將就坐位置向後移

隨著脊椎護甲的弧度彎著身體，背部頂著護甲的感覺，也就是所謂的駝背狀態，將就坐位置向後，把上半身的重量放在下背與腰部的交接點，這樣一來上半身就能較為放鬆，防止對龍頭施力

現在的新款超跑 有著令人驚豔的過彎性能

非常輕量且結構緊密的現代超跑，只要稍微施點力就能開始過彎，在彎道時可以利用外側腿，在過彎時讓膝蓋輕輕推油箱，習慣之後再開始練習將重心移動到內側較低位置的技巧

A 先熟悉了解入門技巧 再多多嘗試

力，只要讓重心產生變化就能順利傾斜過彎，如果騎習慣舊款的大型重機時，剛開始時會因為習慣的關係，需要多花一點時間才能掌握。

另外如果是以騎乘旅遊的節奏在路上行駛時，這個方法不用刻意讓車身大幅度的傾斜也能順利轉彎，再加上配合轉彎的時機，除了視線以外，將整個頭部轉向彎道出口也會有所幫助，操作重點在於一口氣轉向定位，而不要慢吞吞地轉動。

等到情緒比較冷靜之後，可以試著在出彎擺正時用著超低轉速域大手油門看看，扭力不會強到突然暴衝所以不用擔心，反而會有後輪下沉踢著路面的感觸傳來，但如果放任轉速提升而毫無作為的話，就會開始產生劇烈的加速度，所以不要忘記進檔，等到了解什麼是循跡力時，應該就能體會到姿勢前傾的摩托車的樂趣了。

但如果連摩托車會何去何從都感受不到的話，那麼還是比較推薦引擎反應比較沉穩的街車。

不過如果有長距離長時間騎乘旅遊的打算時，那麼一定要試一下旅跑車，除了可以輕巧地過彎之外，現在這類型的車款人車一體感也比較高，在可以適應的時速內操駕摩托車本來就會比較安心，但超跑車款終究還是體驗速度感，享受攻略彎道樂趣的車款，不管怎麼調教，這個本質都不會變，哪一種比較好，還是要親身試乘過才比較準。

常常聽到人說操駕時要富有節奏感 這到底是什麼意思？

如果在賽道上連續跑同一條路線大概還可以理解是什麼意思但山道騎乘時也要富有節奏感，明明是連續不同曲率也不會重複的彎道要怎麼樣才能有節奏感呢？我是不是搞錯了什麼？

讓操駕過程行雲流水

在一般道路上的確會有各式各樣的彎道，有速度低到幾乎快要停下來的髮夾彎，也有看不見彎口的高速盲彎，所以到底該怎麼樣才能保持一定的節奏來攻略彎道呢？會有這種疑問也實屬正常。

不過事實上，所謂的節奏感並不是要各位用著同樣時間來煞車、切入、轉開油門，或是任何動作都要維持固定的節拍，畢竟人類又不是機器人，世界上也不存在完全一模一樣的彎道，這樣做本來就不太可能。

所以這邊所說的「節奏感」，舉例來說，在進彎的時候如果慌張地大力操作煞車的話，會使車速過低，或是車身出現強烈的點頭反應而無法用著正確的姿勢切進彎道，又或者是積極地想要切進彎道，但動作過大，導致一開始彎過頭，在半路上還必須重新拉正車身，或是操作油門的時機過早，結果只好在彎道中重複開關油門。各位可以將「節奏感」當作是避免類似上述等無法正確預判接下來的情況而隨意操駕的說法。

想要順利地操駕摩托車，必須要意識到從煞車、切入，到轉開油門激發循跡力，出彎擺正，所有的階段都是一個連續動作。

所以在操作煞車拉桿時需緩慢地增加力道，才可以避免急遽的點頭效應，另外在彎道前準備釋放煞車時，也需要為預先為下一個彎道做準備，所以不要一口氣完全放掉，含住一點煞車對於過彎時的穩定性和操控性也有幫助，更有助於維持懸吊系統的穩定，進

將動作與技巧維持在可以隨心所欲控制的範圍內

不管是什麼動作都應該維持在自己可以應付的範圍內，不論是操作時機還是行駛速度都必須讓自己覺得游刃有餘，掌握控制感才是進步的訣竅

山路上的彎道
擁有各式各樣的曲率

山路上常常會出現各種不同曲率的連續彎道，所以才需要預判前方的情況，讓操駕動作更圓滑順暢，如果無法讓整體動作一氣呵成的話，就無法富有節奏感地奔馳在路上

就算在賽道上
思考邏輯也大同小異

就算在可以重複攻略同一個彎道的賽車場上，如果用著莽撞的操駕方式，或是只靠匹夫之勇來行駛，會讓操作和動作變得四分五裂，也無法製造出屬於自己的節奏感，找尋出自己的操駕節奏，可以說是進步的捷徑

A

節奏感其實是指可以因應不同路況調整各種操作的時機

入到迴旋階段之後，身體的重心位置會影響迴旋時的穩定性，轉開油門的時機也是至關重要。

總而言之，操駕時最重要的是不要失去操作感，並且讓整個過程隨心所欲，如臂使指一般行雲流水。

然後根據行駛狀況的不同做調整，曲率大又長的彎道就將一連串動作的時間拉長，刁鑽快速的彎道時就縮短動作時間，但又不要讓整體動作操之過急，或是猛烈地操作，重點是要讓操駕動作全體順暢自然。

如果可以做到這點的話，操駕時身體自然而然地就會產生一種節拍，仔細掌握這種感覺就會讓騎乘的方式富有節奏感，最後就能隨機應變各種不同的彎道，讓操駕更天衣無縫，提升樂趣。

就算在賽車場上也是一樣，只不過在賽道上容易因為過度追求速度而較難掌握這種感覺，想要在一般公路上維持安全，又能暢快地體驗操駕樂趣時，這種節奏感是不可或缺的技能之一，不論或急或緩，都不要破壞自己的操駕節奏，就像在走路時，不論是趕時間的快走，或是隨意漫步，如果走路的節奏被打亂時，腳尖就會去勾到另一隻腳的腳跟，我想所謂的節奏感大概就類似這種感覺。而不斷找尋屬於自己的節奏也是騎乘的樂趣之一。

以前騎得還不錯但最近一直抓不到感覺 拜託請教我復健找回感覺的方法

**被周圍的朋友大力邀約，我又再度重拾摩托車的騎乘樂趣
其實以前過彎時可以磨到腳踏，但現在卻怎麼樣也抓不到感覺
請教教我如何復健！**

避免身體多餘施力

最近這類型的問題持續增加，20歲左右時騎著仿賽車，享受過山路樂趣的車友們總會抱持著相當大的期待，覺得如果是最新款的大型重機的話，應該可以更輕快、銳利地充分享受過彎的醍醐味，而且還有許多電子控制系統輔助，絕對是輕鬆愉快的操駕體驗。

但實際體會過後卻發現好像陷入了異次元裡，本來應該是輕快的過彎體驗，愛車卻好像有自己的意識一般自顧自地行駛，切入時也沒辦法行雲流水，以前的經驗好像完全沒有用武之地。

引擎動力所產生的循跡力更有效率地支配摩托車的動向，應該是在最新款摩托車上感受到的最大差異，就算只是比怠速運轉稍高的轉速，只要轉開油門，馬上就有一股力量出現，維持車身行進方向的安定性，在以前只要明確地進入迴旋階段時以及使用正確的轉速域和檔位時，反饋回來的扭力和動力感受都很明確，但是現在卻感覺相當模糊。

再加上車身在微速行駛時就非常穩定，和以前有著完全不同的感覺，以前雖然只要有一定速度後就會很穩定，但在速度提升之前還是必須要抓著龍頭，也就是說現在行駛時會下意識地出力扶著龍頭，因此才會產生摩托車不聽使喚往錯誤的方向行駛的感覺。

新款的摩托車，在半離合起步的瞬間雖然是需要扶著龍頭和夾住車身，但卻沒有到需要施力的地步，而就算在不太需要壓車的左彎，只要將重心移往內側側腹，行進方向就會明顯改變。

而且在過彎時，現在的摩托車沒辦法像以前一樣，釋放煞車的同時扯動龍頭加強切入時的表現，如果沒有將上半身的雙肩移進內側，

**沒有正確移動重心時
無法順利過彎**

公升級的超跑，在極低轉速域時安定車身行進方向的力道也很強大，想要順利切入過彎時，要把上半身的內側的肩膀和側腹一起往內側下方移動，藉由移動重心來讓車身改變行進方向

某段時期的摩托車
比較能感受動力輸出帶

現在約 40 歲左右的騎士，年輕時應該都會比較瘋仿賽車，當時的摩托車，引擎有著明確的動力輸出帶，也比較能感受到臨界點，但是現在的摩托車在習慣之前會有明顯的違和感

安定感越高
越難感受到緊張感

現代的摩托車為了輔助騎士操駕，都裝備了許多電子裝置，就許多層面來說提高了摩托車的潛力，卻讓騎士難以感受極限或緊張感，所以不要過於自大，最重要的是不要勉強自己

A 因為緊張感過於稀薄之故 所以不要過於自信 慢慢地累積操駕經驗吧

而且讓側腹一起朝內側移動的話，摩托車會無法順利傾斜過彎，簡單來說就是如果沒有正確移動重心的話，很容易使車身的反應產生延遲，錯過切入的時機。

雖然聽起來好像很麻煩，不過這也代表了最新款摩托車具有較高的安定性，行駛時的平衡感也比較好，如果習慣的話，這種安心感會昇華成騎乘的樂趣，只不過要注意因為引擎動力太強的關係，很容易對速度感產生疲勞，深度壓車時如果接近臨界點的時候，無法像以前一樣傳達緊張感，騎士會因為感覺不到危險而過度自信，結果發生意外，剛剛重拾摩托車懷抱的騎士常常會在彎道路口自摔，還請不要忘記這件事實。

易於操駕和騎乘，而且油門轉太多也不會打滑的循跡力控制系統，緊急煞車時輪胎也不會鎖死的ABS煞車系統，可以更多層次的享受動力猛烈的最新款超跑，但不代表這樣就會降低發生意外的風險，不管行駛的資歷有多長，在身體習慣之前，只要感受到違和感時，最好還是提升警戒，慢慢熟悉愛車比較好。

年齡增長之後，可以感受的醍醐味和滿足感也會增加，但繼續騎乘下去才有可能更加引導出騎乘樂趣，不要心急，先好好掌握新款摩托車的操縱訣竅吧。

Q 攻略彎道的時候該使用逆操舵的技巧嗎？

聽說在進彎前先對龍頭施以逆操舵的技巧可以更準確地讓車身傾斜，實際嘗試後確實感覺切入的時間變迅速了。請問根本老大也有用這種技巧嗎？

只能產生較淺的傾角

跨坐在摩托車上，單腳或雙腳踩在地板上，讓摩托車維持靜止的狀態用力將龍頭往左邊又右邊扭動看看，應該會發現龍頭轉右時車身會稍微往左邊傾斜，相反地轉左時車身會向右邊傾斜，這是因為前叉的轉向軸和前輪的接地點在移動時產生的反作用力造成這種反應。

稍微再講專業一點，前叉傾斜的角度（前叉後傾角），會影響轉向中心軸與地面交點，以及前輪輪轂的鉛錘線與地面交點，這兩點之間的距離（拖曳距），摩托車就是藉由這兩者之間的平衡，才能產生讓前輪自然隨著車身傾斜而轉動的自動轉向功能，還有在直線前進時讓前輪可以維持筆直朝前，因為有這兩樣重要的特性，騎士才能讓摩托車隨心所欲，但如果騎士無意義地操作龍頭，會妨礙上述兩點之間的平衡，結果讓摩托車無法順利過彎，因此在騎乘時必須要放鬆力量，讓手扶著龍頭就好，這個基礎技巧想必大家早就已經知道了。

當然，在摩托車行進時扭動龍頭一樣會產生反作用力，說要拿來當作製造切入的契機也不是不行，可是就算利用這種方式讓摩托車迅速傾斜製造較淺的壓車傾角，騎士也會因為難以配合車身的動向移動身體重心進入迴旋狀態，更有甚者，倘若逆操舵的力道過強，前輪還有可能在切入的途中打滑，產生轉倒的風險。

雖然逆操舵的技巧能夠讓摩托車用著較淺的傾角瞬間變換行進路線，可以運用

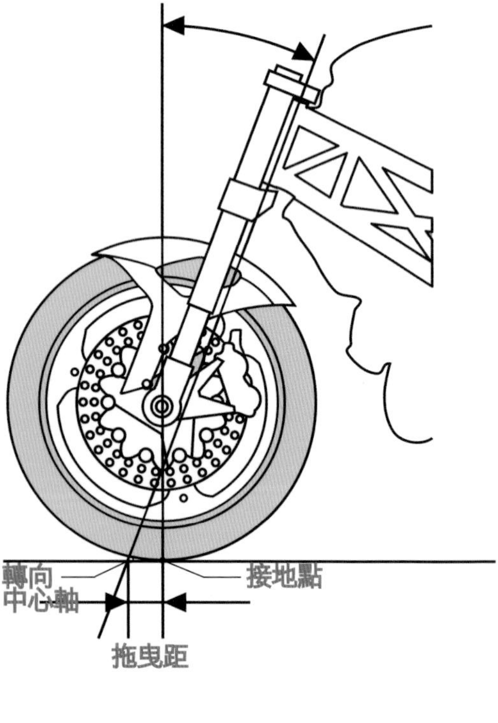

因為車身的構造所產生的反作用力

前輪擁有自動轉向和復原力，這兩樣重要的特性是來自於前叉後傾角和拖曳距，以三角台為中心的操舵軸和前輪接地點在移動時會產生反作用力，逆操舵的技巧可以說是運用了這個原理

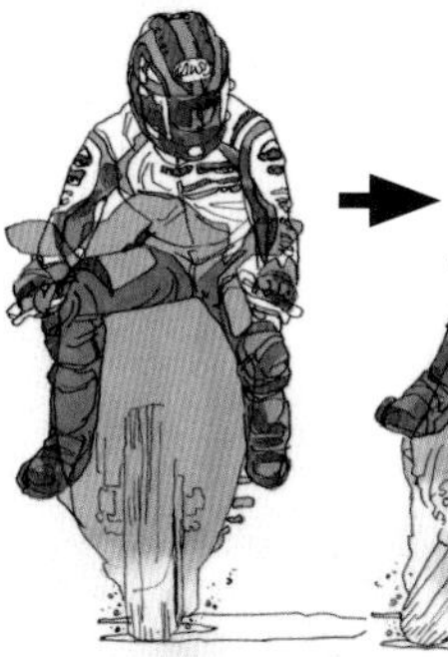

就算切入的感覺銳利
但卻還是會延長
壓車的整體時間

利用逆操作讓車身開始傾斜，但在進入迴旋階段的過程中，身體較難與摩托車同步轉移重心，導致整體動作產生延遲，就結果來說切入的時間還是會慢上一拍

較淺的壓車傾角
可以迅速變換行駛路線

對龍頭施以逆操舵的技巧，製造較淺的壓車傾角不單只能拿來運用在切入過彎，例如在快速道路上變換車道等場合也可以利用同一種方式，只不過需要注意使用方式，務必避免造成危險

在快速道路上變換車道，或是練車時在間隔狹小的三角錐中左右來回切入，但基本上還是要把這個技巧當作不適合使用在一般的彎道上會比較好。

因為身體想要配合逆操舵而傾斜的車身一起同步移動重心，實際上是相當困難的事情，手臂出力反向扭動龍頭，卻又不能妨礙摩托車自動轉向的功能，這中間的平衡非常難掌握，一邊要掌握前輪的抓地力，一邊又要增加壓車傾角過彎，就算切入的一瞬間極為銳利，但還是會拉長壓車的整體時間。

因此我基本上是完全不會使用逆操舵的技巧，我之所以可以兇猛地切進彎道是運用了煞車特性，煞車時車身維持直立的力道會加強，在這時朝彎道內側移動身體重心，放開煞車讓維持直立的狀態消失，已經在內側的身體重心就會加速摩托車傾斜的速度，所以在S型的彎道時也不需要使用逆操舵，一瞬間扣動煞車拉桿，在車身擺正前將重心移到下一個彎道的內側，就跟從直立的狀態切入過彎一樣，利用重心移動來加強摩托車的切入速度。

雖然不能說沒有騎士在使用逆操舵的技巧，在變換車道等需要迅速產生些微的壓車傾角時還是可以使用。不過在比賽中比起這種有風險的操駕動作，使用確實、安全，並且能達到最佳結果的騎士還是壓倒性的多數。

我個人是完全沒有在使用逆操舵

A

為什麼專業的車手們在天雨地滑時還能用著全傾角過彎呢？

在賽道行駛的時候，運氣不好遇到下雨。但是有騎士在換了雨胎之後就用著難以置信的速度行駛。就算是雨天的 MotoGP 也能看到磨膝過彎讓我驚覺雨胎不過只是多了幾條胎紋，為什麼可以用著這種方式行駛呢？

最大的差異在內部結構

比賽時，乾燥路面所使用的光頭胎和下雨天換用的雨胎，兩者間最大的差異就在於低溫時也能有抓地力的橡膠材質和簾布層（內部的纖維構造）的特性。

橡膠在低溫時會變硬，欠缺柔軟度，這點大家都知道，然後隨著溫度提升後慢慢變的柔軟，在比賽的時候常常會達到時速300㎞/h的超高速領域，輪胎會用著猛烈的速度接觸地面，重複變形和反彈，想當然爾會產生熱量。然後在過彎時還會利用循跡力來產生強烈的加速度，比賽用輪胎就一邊承受著極大的力道，一邊在極限邊緣產生穩定的抓地力。

換句話說就是藉由摩擦的關係產生熱能，輪胎皆以這種用手觸摸時會燙傷的溫度為前提運作，當溫度過低的時候就會容易打滑。

因此就算在光頭胎上刻上又深又廣的排水胎紋也不可能變成雨天依舊能產生抓地力的輪胎，不管再怎麼激烈地行駛，因雨而濕滑的地面還是呈現低溫的狀態，旋轉離開地面的輪胎因為行駛風壓的關係瞬間就會降溫。

雨胎和光頭胎最大的差異就是在低溫也能保有一定的柔軟度，基本上用石油製造而成的合成胎和加了許多添加劑的天然橡膠胎一樣，只要經過加熱定型後，都會如同果凍一般地柔軟。

裡面的簾布層則有差異，晴天時用的光頭胎為了承受較大的負重，會考慮到與路面接觸部分的追隨性能，而雨天用的雨胎則是以增加接地面積為最優先考量。

然後再加上許多深刻的胎紋，除了減少充滿雨水的地面產生的水膜現象影響之外，胎紋所產生的角度還能減緩低溫的影響，容易擠壓變形的材質不會因為太軟而

材質和簾布層
全部都是特殊設計

比賽用的雨胎，不單純只是拿光頭胎切出胎紋而已，而是採用低溫時也較為柔軟的材質，以及內部構造都是專門的特別設計，如果雨停之後在乾燥的路面上行駛，胎面馬上就會慘不忍睹

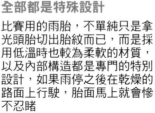

因為是配合狀況特地開發的雨天專用胎才辦的到

比賽時，常常會看到在雨天依舊可以用著令人吃驚的壓車傾角和速度行駛，這是因為裝上了特地配合雨天狀況所開發的雨胎才有辦法達成，一邊承受著猛烈的動力，一邊維持穩定的抓地力

公路上則利用休旅胎或跑旅胎來規避危險

就算是一般道路用的輪胎，高抓地力的款式一樣對於溫度的依賴性極高，遇到下雨天就麻煩了，喜歡旅遊的騎士會在路上遇到各式各樣的狀況，還是選擇跑旅胎才能降低風險

傷及追隨路面的性能，因此比賽用雨胎的胎紋與其說是為了考慮排水性，倒不如說是為了增加表面積，利用縱橫交錯的設計在高速域中維持一定抓地力。

因為有著雨天特化的輪胎，騎士們才能依舊在雨中磨膝過彎，展現高超技藝，但如果比賽途中雨停的話，只要行駛路線開始乾燥，騎士甚至會選擇有積水的取線，或是在地面還有一部分是潮濕的時候就衝進PIT區換回光頭胎，因為如果持續行駛下去，胎面會瞬間磨耗殆盡，變得毫無抓地力可言。

理所當然地，雨胎也不能在一般道路上使用，就算用了特別管道入手了雨胎，但那畢竟是在下雨天的賽道上高速行駛用，完全不符合一般道路上的狀況，只會增添危險。

最後強調一件事情，當下雨的時候，就算努力暖胎，溫度也會一瞬間就下降，所以使用對溫度依賴較高的高性能胎時，必須要了解到不管怎麼處理，打滑的機率都會激增這個事實。

所以如果是不管在什麼氣候都想騎車的人，最好還是選擇對於溫度依賴較低的跑旅胎，才能大幅度降低打滑的危險，兼顧安全和騎乘樂趣，這點請各位讀者一定要放在心上。

A 因為雨胎採用低溫時也能保有柔軟度的構造和素材

終於成功「磨膝過彎」了 但接下來又該以什麼為目標？

重拾重機樂趣已經五年，多虧了貴刊的教學，在賽道上終於成功地磨膝過彎。整個人沉浸在極大的滿足感中。但仔細想想未來該怎麼辦時，又不想在一般公路上磨膝過彎，所以一直煩惱該以什麼為目標，請給我一點建議。

嘗試許多延伸技巧

首先恭喜這位讀者成功地磨到兩腳膝蓋過彎，如果是不騎車的人，可能根本不曉得我們在高興什麼，但是成功達到長久以來努力的目標，瞬間湧出的是無可取代的充實感，我個人覺得這和年齡還有喜好無關，是每個人都會有的情緒，所以請先好好地享受難得的喜悅感。

對於下一個階段的目標感到迷惘我也很能感同身受，已經有了一點年齡，又是重拾重機樂趣的人，一定都會有比較慎重小心的意識，徐徐地踏足有風險的操駕技巧，終於成功的磨膝過彎，除了享受箇中的醍醐味之外，就某種程面來說，心裡應該會有種不知該何去何從的茫然感吧。

雖然我並沒有直接解決問題的答案，但卻可以就跑車的滿足感來聊上幾句。

我已經持續半個世紀參加比賽，並且在賽道上追求極致的性能，但是從來沒有過「剛剛的過彎方式真是完美！」的想法，可能會有剛剛處理的還算不錯，但卻從不覺得已經臻於完善，這可能是因為轉戰WGP後遇到太多世界頂尖選手的關係，但我想喜歡持續進步的心情應該不論誰都一樣。

摩托車的樂趣也包含可以永無止境的進化這點，最重要的就是不要只滿足於現況，接下來可以培養縮短單圈時間或是在賽道上的應變能力，亦或是讓操駕手法更加精準，不要有多餘的動作，這也是專業騎士和一般以運動操駕為樂趣的騎士最大的差異。

所以您現在應該算是剛感受到醍醐味的狀態，吃滿胎過彎不再像以前一樣只是個憧憬，並且開始了解發揮愛車潛力的充實感，所以要不要試著把如何延伸這種運動操駕的感覺，朝不同面向

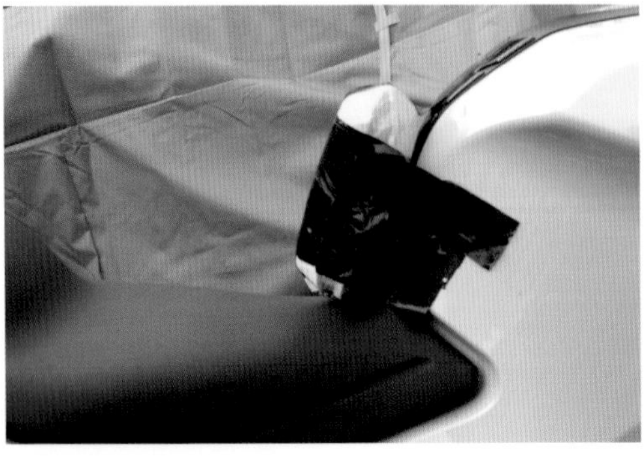

成功磨膝過彎

瀧爺爺的故事

來信詢問的「瀧爺爺」是一位大型重機資歷五年的 61 歲爺爺，左邊的照片是為了實踐流行騎士所教的「向後就坐，胯下和油箱保持一個拳頭的距離」的技巧，自己 DIY 製作的小墊片，因此也成功地在不擅長的右彎中磨膝過彎

就算不追求壓車傾角
操駕時也能享受
流暢無間隙地騎乘節奏

想要更進一步追求新的事物是人的天性，舉例來說，在山路騎乘時可以試著用比較淺的傾角，讓減速、切入、出彎擺正等階段彼此流暢且毫無間隙地銜接，找尋自己的操駕節奏，也算是一種新的挑戰

摩托車有著各式各樣的樂趣
多加嘗試不同類別的活動

摩托車的樂趣五花八門，並不是非得加深鑽研同一種樂趣，追求廣度、踏足新的分野也是相當推薦的一種方式，例如越野騎乘，都 60 歲了還要踏出新的一步需要極大的勇氣，但卻有可能摸索到全新的摩托車樂趣喔

A 將運動操駕的感覺往不同面向延伸並且多嘗試不同的事物

發展，當作下一個階段的目標呢？

像我在騎乘旅遊的時候也不會專注在壓車傾角上，因為已經可以在賽道上體驗運動操駕的樂趣了，所以也不會想在一般公路上做風險太大的動作，不過卻反而能在減速、切入、或是激發循跡力等階段中，找尋無縫接軌的操駕節奏，並且沉浸在順利達成的樂趣中，也就是在自我約束的情況下一邊探索極限，其實這種狀態也是有一定程度的滿足感。

另外有一陣子我只要一抓到時間就想出門旅遊，不論是改變距離、刻意在下雨天出門、或是跑到沒去過的地方和當地民眾聊天，像這樣子切換行駛主題也是頗有一番樂趣。

然後如同各位所知道地，我也持續在參加骨董車比賽，享受著無法做太極限操駕的比賽，而且還需要用與最新的跑車不同的駕馭方式，這又是另外一種充實感。

如果要聊摩托車的樂趣，那可是三天三夜也說不完，所以最重要的就是擴展視野，像是越野騎乘也是一種選擇，越是研究應該越是覺得沒有體驗過的東西還很多，所以一定一定要持續騎車下去，隨著時間的積累，前方百分之百有著不同的樂趣在等待著你！

在山路中突然遇到砂地 這時該怎麼辦呢？

前幾天進到深山區域時，突然遇到砂石地，雖然沒有越野的經驗，又不想馬上折返，只好硬著頭皮闖入……所幸沒有轉倒。可是超慢速行駛的車身不是外抛差點撞到護欄就是內切黏在山壁，這時該怎麼辦才好呢？

避免緊急煞車

在旅途時鑾有機會突然遇到施工現場，大部分都只是挖起柏油，補修之後再重新鋪設，但如果是相當嚴重的話，就有可能把整塊路面挖起，先鋪上一層砂石讓車輛可以通行。如果沒有一定經驗的話，要順利駕駛著大型重機通過是非常困難的挑戰，姿勢前傾、輪胎也多是適合賽道行駛的超跑，操控難度可不是開玩笑的。

首先請注意不要操控前輪煞車，只要有一點制動力的話都會讓前輪下沉，這樣不管想做什麼動作控制龍頭，都反而會讓前輪更陷入土裡，情況嚴重的話前輪會維持轉向的情況，但車身卻直線前進，地上的沙礫越大時，越有可能發生這種狀況，甚至有可能在降低速度的過程中立定轉倒。

就算不使用煞車，如果想要靠前輪決定行進方向而轉動龍頭時，也不會朝著設定的方向前進，因為在砂石地上行駛時龍頭很容易被帶走，想要撐住龍頭的話又一定會對握把施力，這時可以試著輕輕握著握把並且左右晃動龍頭看看，因為砂石的角有可能會插進前輪的胎紋裡，這樣的話可以讓輪胎找回基本的復元力。

決定行進路線的其實是後輪的驅動力，話雖如此，在沙地上如果轉開油門，後輪容易左右滑動，一不小心就會打滑，想要防止這點，就必須盡量讓引擎轉速維持在低轉速域的狀態，檔位也選擇2～4檔左右的檔位，然後轉開油門行駛，如果速度太快的話就把油門關閉，砂石的區段太長的話就反覆做開關油門的動作。

只不過轉開油門的方式也有訣竅，不要因為過於擔心後輪被砂礫帶走而刻意的小心轉開油門，這樣一來驅動力太弱，輪胎還是會被礫

盡量不要使用
前輪煞車

在旅途的過程中遇到砂礫地或是未鋪設路段也不是什麼奇怪的事情，這時需要注意的是盡量不要在砂礫地上使用前輪煞車，使用的話反而是造成前輪打滑、內切轉倒的主因，另外也要小心控制操控龍頭的力道

降低引擎的轉速
使用高檔位迅速轉開油門

當決定好摩托車的行進路線後，就需要活用後輪的驅動力，一旦開始行駛之後就維持二檔的狀態，在低轉速的時候迅速轉開油門，如果因為害怕而慢條斯理地操控的話，除了沒辦法按照路線行駛之外，立定轉倒的風險也極高

可以練習越野騎乘時
相當有效的站立騎姿

在越野或障礙賽時常常會看到的站立騎姿，還不熟練的時候可能會擠壓到龍頭，需要多加注意，另外如果是握把較低的跑車也會增加操控難度，首先可以試著踢出內側腳，讓車身稍微傾斜過彎

石帶著走，沒辦法按照既定的方向行駛。

最少也要迅速轉開1/4以上，後輪多多少少會因為砂石的關係左右搖晃，不過沒有關係，摩托車還是會持續前進，當引擎接近產生中速扭力的區域時就將油門關閉來調整速度。然後身體配合轉開油門的時機往想要前進的方向移動重心，利用上半身和腰部輕微地傾斜車身的感覺，習慣的話就會發現不用太深的壓車傾角也能讓行進路線變得明確，熟練之後就能像老手一樣不管後輪往哪邊滑動都可以應付，就算在砂石道上身體已經緊繃，在速度低的場合下只要稍微傾斜就夠了。

還有一個相當有效的方式值得推薦，讓想轉彎那一側的腳，也就是內側腳打開來，感覺上好像有突發狀況的話，腳可以隨時踩到地面，這樣一來可以讓重心移進內側，製造更容易過彎的狀況，另外有些騎士會用著像是障礙賽一樣，兩腳站在腳踏上的姿勢騎車，這本來是為了不要後輪的左右晃動影響身體重心，所以讓腰部離開座墊，但是不熟練的時候硬要模仿的話，當然會覺得龍頭位置變低，一不小心就會將前輪往下壓，反而更加陷入砂石地內，需要多加注意。

當然，想要一勞永逸的方法就是讓自己學習基本的越野技巧，讓身體像柳樹被風吹拂時一般地柔軟，至少可以在後輪左右晃動的時候避免過度反應，讓身體僵硬而無法順利操駕摩托車。

A 利用後輪的驅動力 來決定摩托車的行進路線

技術好的人在運動操駕時都不會使用後煞車嗎？

我除了在街道上和山路時，就算偶爾去賽車場騎車的時候都會使用後煞車。但是前一陣子和技術不錯的前輩聊天時，他說在運動操駕的時候不要使用後煞車。所以技術好騎的快的人是真的都沒有在使用後煞車嗎？

後煞車還是有其效果

技術好和騎得快的人都不使用後煞車……這麼說是也沒錯，但也不完全是這樣子，如果在比賽的場合，需要盡量延後煞車時機並且猛烈且極限地操作煞車時，摩托車和騎士的重量會因為煞車反作用力的關係全部集中在前輪，後輪會處於稍微浮在空中，或是沾到一點點的狀態，這種狀況下使用後煞車也只會鎖死，沒辦法期待有任何制動力產生。

因此才會讓人有比賽時都沒有使用後煞車的錯覺，但事實上卻不能說比賽中完全不會採下後煞車踏桿，如果真的沒有用的話那裝著要幹嘛呢？

舉例來說，伴隨著退檔而產生的引擎煞車反應，在超高速的情況下會對全力煞車的操控產生妨礙，或許讀者會不知道我在說什麼，也就是在全力煞車時，車速下降的減速率比轉速下降的減速率還要大的關係，簡單來說就是速度和引擎轉速無法配合的狀態。這時出現的就是比賽用的最新煞車系統。

在上述的狀況中，也沒辦法利用後輪煞車來使超高速迴轉的後輪減速，因此 MotoGP 就採用了無縫變速箱，有著不管在什麼轉速都能順利退檔的超強機能，最大的改變就是讓後輪不會在退檔的時候暴走，就許多層面來說，為了更縝密地操控和管理摩托車的動態，後煞車的使用機會就多了起來，例如在切入的瞬間控制後輪接觸地面的時機，或是讓後輪在輕微鎖死的狀態下接觸地面提升抓地力，雖然不是每種場合都需要，但這些大部分都還是利用了後煞車的效果。

不過話又說回來，這種後輪因為強烈的減速反作用力而開始強勁地左右甩動的狀態，和一般道路行駛是完

在 MotoGP
會在切入的瞬間等
各式各樣的場合使用

煞車進彎時後輪浮舉在 MotoGP 賽事裡可以說是見怪不怪的場面了，這時使用後輪煞車，讓後輪輕微鎖死的狀態下繼續接觸地面，也有助於維持後輪的抓地力

當踩下後煞車的時候
後避震會開始
往收縮的方向作動

行駛中使用後輪煞車時，減速時所產生的反作用力會讓後輪避震往收縮的方向作動，了解這點之後就能知道在摩托車的構造上後輪本來就容易鎖死，後輪煞車可拿來控制車身姿勢

藉由使用後避震
緩和加速時
驅動系統產生的衝擊

後煞車在攻略山路和雨天操駕上也能有效運用，在彎道出口的時候踩下後煞車，並且同時轉開油門，等到完全看到出口後放開後煞車，這樣一來驅動系統就會毫無衝擊地開始加速

A 可以作為控制管理摩托車的動態時使用

全不同的次元，這點不用說大家都知道，而事實上就算不使用後煞車，在山路行駛上也完全不會有問題，但是長久以來忽略後煞車的情況下，會讓人忘記了其實在許多場面都可以藉著後輪煞車的制動效果來增加操控性，因此推薦幾點不依賴後輪煞車的減速能力，而是以輕點後煞車為前提的騎乘技巧。

先以低速行駛的場合為例子，假設在路面設有減速標線的地方切進彎道時，如果摩托車因為地面凹凸而持續上下晃動的話，很容易會錯失切入時機，這個時候可以瞬間採下後煞車，抑制住後輪避震的作動，然後利用這著瞬間來切入彎道。

另外在被雨濡濕的地面攻略彎道時，為了減少迴旋時轉開油門的瞬間所產生的循跡力衝擊，和後輪煞車合併使用的話也有可以平順出彎的優點，在濕滑路面操駕時，鍊條等驅動系的間隙會因為引擎的動力拉扯而產生衝擊，讓騎士對打滑感到恐懼，這時如果輕輕踩著後煞車，並且平順地轉開油門，到最後再鬆開後煞車，就可以毫無衝擊地轉移進入加速狀態。

最後只要將踩下後輪煞車時，避震器會因為後輪傳來的反作用力而壓縮，這個基本原理記在腦海裡就可以了，只要理解這件事情，就能知道使用後煞車會容易使後輪鎖死和可以控制車身狀態這兩件事其實是一體兩面的事情，也能依照場合運用後煞車了。

Q 到底要不要使用引擎煞車呢？

雜誌上說進彎前不要使用引擎煞車，而是利用煞車減速……但是在山路騎乘的時候怎麼看都覺得那些老手只用著引擎煞車進彎根本先生會使用引擎煞車嗎？

雖然安心但卻無法控制

首先來解釋引擎煞車的定義。當引擎正處於高轉速的情況下關閉油門，燃料和空氣的供給會一口氣下降到怠速運轉的程度，利用轉速掉回低轉速域的過程中所產生的抵抗力當作制動力，這就是我們常說的引擎煞車。

因為只要關閉油門就有煞車效果的關係，對於操作前煞車可能會衍生出的點頭問題感到害怕的新手而言，引擎煞車算是一種比較安心的減速方式，在進彎前的減速區域中感覺像是強而有力的後盾，不過引擎轉速如果不高，制動力理所當然地會比較弱，當以四檔行駛的時候在進彎前就需要退到三檔，甚至是二檔，在這個時候讓突然讓離合器咬合的話，後輪會因為轉速差的關係開始打滑，所以在切開離合器的瞬間要稍微轉開油門，提升引擎轉速，彌補兩個檔位之間的轉速差，這個技巧需要花點時間熟練，對於初學者來說難度稍嫌過高，一般來說也算是比較棘手的場合。

那麼回到一開始的問題，也就是在進彎前應該怎麼操駕呢？這時為了進彎所做的速度調整應該都已經結束，正處於壓車開始轉彎的一瞬間，前、後煞車都屬於完全放開，或是含住一點點的狀態，如果要在壓車迴旋中操作煞車，不用我特別強調，大家也都知道有打滑的風險。

這時油門當然是屬於關閉的狀態，不過引擎的轉速應該已經處於不會產生強烈引擎煞車的轉速域才對，因為如果用著制動效果較強的高轉速域壓車切入的話，車速在迴旋中劇烈下降，導致摩托車無法安定的過彎，所以應該和想像中只用引擎煞車減速後進彎不太一樣。

另外當經驗到達一定

高轉速域的引擎煞車
無法順利調整制動力

還無法掌握煞車感覺的初學者很容易會依賴引擎煞車，引擎轉速越高，制動效果越強，也會更加劇烈，騎士很難這種情況下控制車身，只能用著不安定的狀態開始過彎

經驗豐富的老手
會預測過彎速度一邊行駛

攻略和緩的彎道或曲率類似的連續S型彎道時，有的時候也不一定需要利用煞車調整速度，經驗豐富的騎士可以在這種情況下預測下一個彎道的最佳速度，並且毫無風險地過彎，所以可以只利用油門來調配速度

不使用引擎煞車是為了
讓加速時更加穩定

讓引擎維持低轉速進入彎道其實對於出彎擺正也有很大的好處，因為高轉入彎的話無法順利轉開油門，低轉卻能在出彎時大手油門激發循跡力，提高穩定性

避免在高轉速域引擎煞車才能安定地行駛

A

程度之後，在攻略不論是和緩的彎道或是連續刁鑽的S型彎道，也都不一定需要依靠煞車作速度調配，有的時候也會直接在引擎轉速不會過高的轉速域利用油門做速度調整切進彎道，不曉得這位讀者是不是剛好看到這一幕，不過這不是在使用引擎煞車的效果，也不是只用引擎煞車切進彎道。

不過這是因為有著豐富的經驗，才能大略判斷用多少時速可以安全地攻略下一個彎道，如果不習慣的話，還是直接減速，用著可以操控的速度進入彎道會比較好，雖然進彎就被甩開這件事情的確會令人在意，但因為這樣就勉強自己或是過於緊張的話，對於享受騎乘樂趣一點幫助都沒有，當然誰都希望可以早日提升技巧，游刃有餘的和老鳥用的同樣的速度行駛，但如果心中有所警戒，擔心無法順利操駕的話，那麼最好還是用著自己熟悉的速度行駛就好。

另外，騎乘技巧的特輯說不要使用、或是不要依賴引擎煞車，主要是指避免在切入進彎的時候利用強勁的引擎煞車來減速，因為在低轉速進彎的時候，引擎煞車的減速效果不佳，因此擔任減速的主要裝置還是在前、後煞車，如果沒有降低引擎轉速進入迴旋階段的話，在彎道後半段會無法大手油門出彎，也沒辦法讓驅動力傳達到後輪，自然不可能激發出強勁的循跡力，增加輪胎抓地力，結果導致無法穩定迴旋。

雙載時應該要注意什麼比較好呢？

我自己如果有載人的話，總是覺得摩托車比平常沉重，也無法順利操駕要怎麼樣才能騎得像根本先生一樣平穩自然又舒適呢？還有請教我雙載時要注意些什麼重點？

利用重心移動過彎

雙載會比一個人騎車的時候還重，所以一般來說都會覺得比較難操駕，就算是雙載經驗豐富的我來說，也還是覺得多少有點差異。但是習慣之後，其實雙載令人意外地並沒有太多缺點，實際上某些層面還會覺得變好騎了也是事實。尤其和姿勢前傾的跑車不一樣的跑旅車，更能活用這些優點。

最大的好處就是後輪負重增加了，因為後座多了一個人的關係，後輪的荷重會大幅度的增加，也就是說，對於用後輪當作主體來過彎的摩托車而言，正屬於一個穩定性大幅上升的狀態，不管是在彎道中間轉開油門獲得循跡力的效率或是煞車減速準備切入進彎時的抓地力，都比一個人騎車的時候還容易掌握，安心感也會隨之攀升，反而沒有各位想像中的那麼無趣。

因為體重變成兩倍的關係，慣性力增加的車身會無法隨心所欲地左、右壓車切入，心理變得更加緊戒，過於緊張的關係也無法好好享受騎乘樂趣，如果有這種先入為主的觀念的話，那麼代表騎士在過彎時會推擠到龍頭，或是身體在壓車的時候一定有某個地方對摩托車施加多餘的力氣。

如果是參加過Riding Party，坐在我後座的人應該可以發現我不會扭動身體任何一個地方來讓摩托車傾斜吧。那麼回到雙載時該如何切入過彎，基本上和單人騎乘的時候一樣，以腰部為中心，稍微將身體的重心往內側移動，藉由這個契機將上半身一起倒向內側，不怕各位誤解而用簡單的方法解釋的話，就是往內側跌倒的感覺，不過這時需要配合釋放煞車，利用負重變化的瞬間來使車輛傾斜，煞車時會因為前輪復元力的關係讓車身

以關心

後座乘客為優先

要想享受雙載騎乘樂趣，最優先的事項就是設身處地為後座乘客著想，除了行駛中之外，上下車的時候如果讓車身穩定的話，也能降低後座乘客的不安，提升過程的樂趣

Riding Party

都會有的根本健雙載體驗

根本先生的「雲霄飛車雙載體驗」從 20 年前開始就是 Riding Party 的固定單元，只要坐在根本先生的後座，就能知道不能用蠻力操作摩托車，有機會的話請一定要體驗看看

雙載時後輪負重會增加

擁有出類拔萃的安定性

後座有乘客的話，很容易會覺得增加的重量讓人難以操駕，但是後輪負重增加的關係，更能掌握加、減速時的抓地感，只要操作時不要妨礙車身動作的話，就能體會令人驚艷的操駕感受

不要用蠻力傾斜車輛 基本上和單人騎乘一樣 A

維持直立的狀態，這時已經將上半身往內側倒下做重心移動，當慢慢地鬆開煞車時，最一開始維持直立的狀態就會慢慢消失，藉由這個時機開始切入過彎，整體來說大概是這種感覺。

單人騎乘時也應該這樣做，這是一種無法依賴蠻力施展的操駕技巧。另外在S型彎道的時候，輕輕扣動前煞車時會讓車身一瞬間開始擺正，或是將突然將油門關閉，讓摩托車產生不安定的瞬間，都是可以拿來運用做為切入過彎的技巧。再加上負重比單人騎乘還高的關係，在加減速中所產生的前後重心移動運用得當時，也能得到輕快迅速的感受，正確活用的話，不論加減速都能感受到後輪牢牢地咬住路面，有的時候雙人騎乘還會比單人的時候更容易掌握後輪的動態。

不過雙人騎乘最不能忘記的就是注意迴避風險的心態，這比單人時多好幾倍，雖然在Riding Party時看到我用著高速在操駕摩托車，但我還是一定會保有某種程度的安全範圍，遇到突發狀況時也能隨機應變，因為輪胎長時間維持咬住地面的狀態，結果來說騎乘的速度就變還算不錯。在一般道路騎車的時候千萬不要有想要讓後座充分體驗性能的想法，雙人騎乘時還是要以安全為主要考量。

手掌太小沒辦法順利用兩根手指頭的方式操作煞車拉桿

我是女性騎士。常常在貴刊讀到利用食指和中指兩根手指頭操控煞車的技巧但是我的手太小，握力也不足，用兩根手指頭的話只能搆到拉桿最凹的地方這裡除了不好施力之外，也會令我持續感到不安。

拉桿以兩指為前提設計

其實在1970年代以前，操作煞車還是以中指、無名指、小指三隻手指頭扣動為前提，但是當美國開始興起Super Cross，也就是在大型的體育館內上竄下跳，並且設有高低差的室內越野賽，再加上碟盤煞車剛好問世，摩托車逐漸改用形狀近似於狗的後腿，極端小型化的煞車拉桿，加上把拉桿基部遠離煞車油杯的設計，讓騎士得以在上下左右大幅度晃動中用外側的中指、無名指、小指來握住握把，並且只靠一根食指來操作煞車。

一般的公路賽則因為輪胎的抓地力提升，龍頭開始甩動的情況增加，沒多久就跟著一起採用這種狗腿形狀的拉桿，只是形狀不像越野車那樣小到只用一根手指頭操控，而是以食指和中指操控為前提，並且逐漸演變成現在的形式。

也就是說，目前的狀況基本上是要讓騎士用無名指和小指來握住握把為前提設計，而為什麼要讓騎士用外側的手指頭來握住握把呢？只要跨坐在摩托車上，讓人強烈晃動前輪的話就能輕易理解，利用外側兩隻手指頭握住握把，晃動的力道比較不會傳導到肩膀，也比較不會讓人突然被嚇到，這除了是龍頭晃動的對策之外，長時間騎乘下來，手掌上大拇指根部的地方也不容易痠痛，因為好處多多的關係，請一定要練習看看。

再加上外側兩隻手指頭握住握把的方式還可以將此處當作操作煞車拉桿的支點，如果用外側三隻指頭操控煞車拉桿的話，支點會變成在大拇指的根部，這種狀態下其實更近似於用大拇指和外側三根指頭施力，用夾的方式操作拉桿，也就是根本沒有支點。舉例來說，各位讀者可以試著在駕駛汽車

握把的設定是讓騎士從外側開始掌握

本誌推薦利用食、中指操作煞車的兩指操控法的原因之一是現代摩托車的握把都以從外側開始掌握為前提設計，左側的照片雖然是廠車照片，但明顯可以看出形狀設計是為了要讓騎士用無名指和小指來握住握把，才能平順地操控煞車拉桿

支點的位置不同
操控性也會改變

本誌經常強調操作握把時不要用握的，並且介紹扣動操作拉桿的重要性，但是這種操作方式需要一個支點，當支點位於握把外側的話，可以一邊穩定抓著握把，一邊強力扣動煞車拉桿，另外這種方式也有助於騎士纖細地控制煞車力道

食指和中指第一個關節
彎曲後可以碰到拉桿

手指頭在扣動煞車拉桿的位置，建議設定在讓食指和中指的第一個關節稍微彎曲後即可搆到的地方，而操作拉桿是讓兩隻手指頭的指腹由上往下壓拉桿，讓手指頭一邊滑動一邊扣動煞車拉桿

A 如果真的怎麼樣都搆不到的話 就對拉桿形狀下功夫吧

的時候將腳跟離開地板來踩煞車踏板看看，效用會過強，無法微妙地控制力道。

也可以在外側三根手指頭扣住煞車拉桿後，試著請朋友把拉桿往放開的方向拉看看，應該就會知道無法微妙地控制力道是什麼意思了。同樣地在內側兩根手指頭扣住拉桿後請人往外拉，意外地會發現在途中可以放鬆或增強力道，做纖細的操控技巧。

然後就是最重要的是拉桿位置，在扣動拉桿之前，讓食指和中指的第一個關節處於稍微彎曲一點點的狀態搭在拉桿上，就是最好的距離，雖然這樣會給人難以出力的錯覺，但只要實際操作過握力機的話就可以一目了然，讓手指第二個關節彎曲只不過會比較好握而已，其實出不了太多力氣。

操作的訣竅是讓食指和中指從拉桿的上方往下壓，用著滑動指腹的感覺來扣動拉桿，在習慣之前可以讓右手肘稍微上抬一點也沒關係，同時也要注意不要讓大拇指的根部變成支點，一步一步確認並且嘗試看看吧。

如果手掌的尺寸真的太小的話，可以到常去的車行問看看有沒有辦法對拉桿的形狀進行加工，畢竟兩指操控法不是某一個人的特別流派，而是摩托車設計當初就以這種操作方式為前提來設定拉桿。

不曉得該將煞車扣到什麼程度比較好？

雖然在賽車場上感覺操駕技巧進步了，對於煞車還是不太拿手例如在進彎前到底要利用煞車拉桿產生多少的制動力等諸如此類的問題現在完全抓不到訣竅，究竟該怎麼練習才好呢？

用不會害怕的速度進彎

進彎前的煞車操控，可能是因為比賽常常出現讓後輪浮舉的重煞車的慢動作重播，導致讓人覺得全傾角壓車再加上逼近極限的煞車操控才是所謂地攻略彎道。但就算不用這種風險極高的跑法，在彎道前將速度降到剛好，並且深度壓車通過彎道一樣帥氣又有滿足感，也不失為一種努力的目標。

但是實際上在山路行駛的時候，大部分都是看不見出口的盲彎，如果速度太快的話一定會發生危險，腦海中想著這種風險，結果出現速度降至過低，還得加速跑到彎道路口處的窘境。

到底該怎麼樣才能像老手一樣用著恰到好處的速度，彷彿被彎道吸入一般的感覺攻略彎道，絕對是令人想要了解的地方。首先想跟各位強調的一點是千萬不要想消除對於彎道的警戒心，對於騎乘摩托車的人來說，警戒心正是保護人身安全的防衛本能有在正常作動的證據，當感到害怕、還不習慣等和平常不太一樣的感覺時，這份警覺心正是保護性命的最佳幫手。

那麼接下來就來討論如何用著恰到好處的速度或是不要差太多的速度進彎。

首先要從決定該用幾檔來攻略迎面而來的彎道開始，要在進彎前預測彎道的曲率，也就是指判斷前方究竟是個什麼樣的彎道。具體而言，如果外側的路緣為120度的話就用三檔，90度左右的直角彎道就用二檔，退至預設的檔位，並且利用煞車調整，讓轉速不要超過4000轉。

當來到彎道前方50公尺處的時候，再怎麼樣刁鑽的盲彎應該多少都能判斷其曲率和角度，如果和最初所判斷的沒錯時，就能徐徐配合想要切入的時機鬆開拉

在等紅綠燈的時候
可以練習煞車的感覺

煞車時最重要的是維持一定的制動力讓摩托車持續減速，並且在這種狀態下目測切入點的距離，有一種練習方式可以讓騎士及早掌握，那就是在一般道路上停紅綠燈的時候，可以培養維持一定的制動力來減速的感覺

在賽道利用路緣判斷彎道角度

重複攻略同一個彎道的賽車場上，應該早就大約記住每個彎道的曲率，這時再配合路緣的角度來驗證，就能及早掌握預先判斷彎道曲率的方式，決定好進彎檔位，再利用煞車來調整速度

首先要決定該用幾檔攻略彎道

想要恰到好處地煞車，最重要的是判斷該用幾檔攻略下一個彎道，因此必須在彎道入口處判斷彎道的曲率，外側路緣如果為 120 度左右的話就用三檔攻略，90 度左右的話就用二檔，並且讓引擎轉速維持在 4000 轉以下

A 維持一定的制動力 讓摩托車持續減速 藉以掌握煞車距離

桿，如果角度比預判地還要刁鑽時，就算開始切入之後也能含住煞車，然後將檔位退至一檔。

如果在賽車場的話，因為會重複通過每個彎道的關係，應該都能記住每個彎道的曲率角度，這時請不要忽略掌握訣竅的大好時機，以路線外緣的角度配合自己的印象來掌握如何利用外緣判斷盲彎曲率的方式。賽車場的彎道曲率一般來說都比公路還要大，因應賽道的不同，有時可以選擇三檔到四檔，或是二檔到三檔等再高一個檔位，所以必須在每個彎道多下點功夫。

那麼回到問題一開始的煞車操作，在習慣之前，可以用著一定的制動力來預估煞車距離，並且讓轉速配合預設的檔位，最一開始可能會因為太過於在意退檔而不小心煞過頭，不過最重要的是持續維持同樣的煞車力道，而不要忽高忽低，在旅途中常常會遇到紅綠燈，利用這些時候來練習是最恰當不過了。

像這樣子掌握了不同彎道的攻彎速度後，就能慢慢地游刃有餘，並且增加進彎速度，享受攻略彎道的醍醐味，但請千萬不要操之過急，在不會害怕的範圍中反覆嘗試，只要一旦嚇到的話，那麼之前所累積的體感和自信都會有如泡泡一般地消失，這點還請不要忘記。

化油器車款 在操作油門時有訣竅嗎？

常常會在貴刊刊頭特輯中看到在低轉的時候大手油門，化油器車款這樣做也沒有問題嗎？心中慢慢浮現這個疑問。雖然沒有產生頓挫的話應該沒關係……現在問可能有點後知後覺了，請教我化油器車款的油門操控訣竅！

基本上不會有問題

各位都已經耳熟能詳的循跡力，是讓驅動力傳達到後輪，讓迴旋中的摩托車可以更安定的過彎的一種操駕方式，也是大型重機的操駕基本。

如今所有新車因為廢氣排放法規、性能、電子化等各種因素，已經全面噴射引擎化，車廠也不再推出採用化油器引擎的新車。

所以在研讀騎乘技巧的特輯時，如果本身是化油器車款的車主，一定會覺得噴射引擎的操駕方式究竟能否通用在自己的愛車上，如果不行的話，又該怎麼樣操控油門呢？

其實引擎的扭力用著什麼樣的方式傳達到後輪，也會大幅度地左右循跡力的效果，雖然只要轉開油門就能加速，但如果用著戰戰競競的方式慢慢轉開油門的話，不管是噴射還是化油器引擎都不能有效率地發揮轉彎力和安定性。

大型重機為了提高這種循跡力的效果，比起將搖臂鎖點、前齒盤的中心和後輪車軸三點連成一線的設計方式，會刻意將搖臂鎖點稍微向上移動一些，藉由這種方式讓鍊條在加速時會受到引擎動力的扯動，讓後輪去擠壓路面。

也就是說在加速的時候，後輪避震會一瞬間往回彈的方向作動，讓後輪牢牢地咬住路面，許多人都會有加速時後輪避震會下沉的錯覺，但其實這是因為前叉回彈的關係，仔細想想，如果在彎道中開始加速的瞬間後輪避震竟然會收縮的話，那麼後輪豈不是會變得更容易打滑嗎？

那麼言歸正傳，在加速的瞬間，低轉時迅速將油門轉開 1/4 以上的話，後輪朝路面擠壓的作用力會讓輪胎變形增加接地面積，進而提

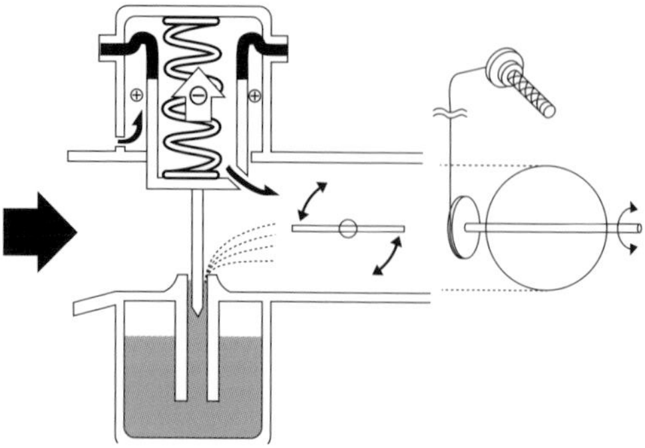

配合引擎轉速 吸入混合油氣的 負壓式化油器

在噴射引擎普及化之前，大多車款使用的都是化油器，只要是配合引擎轉速吸入混合油氣的負壓式化油器的話，在低轉速時大手油門也不用擔心，但前提是要有好好保養維護

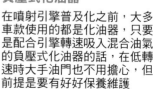

在低轉速大手油門
為的是可以更有效率地
激發循跡力

為了更有效率地激發循跡力，可以使用高檔位、低轉速域一口氣大手油門，之後就等待引擎轉速上升，這時輪胎會受到驅動力的影響，有效率地產生循跡力

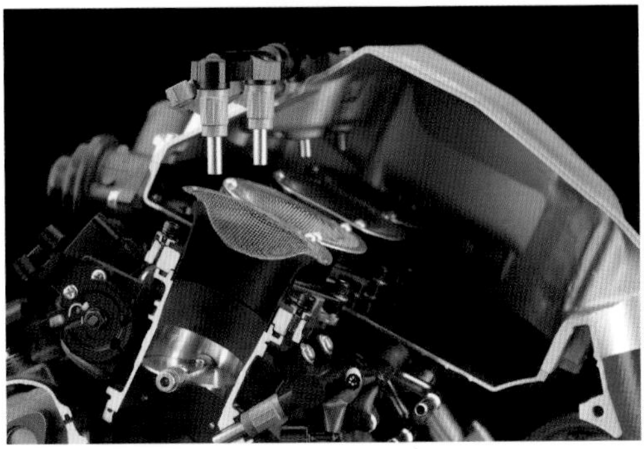

就算是噴射引擎
最初的操作方法不同
效率也會改變

噴射系統可以檢測溫度和氣壓，不管在什麼狀態都可以噴出最恰當的混合油氣，但就算是電子控制的系統，想要引導出其優點還是需要靠騎士的右手

升抓地力，這時如果反覆地開關油門，如探索般小心翼翼地操作的話，反而會喪失大好時機。

而且在低轉速域時大手油門，摩托車也不會瞬間加速爆衝，且低轉時的點火間隔比較大，扭力會隨著引擎脈動傳出，對於抓地力也有好的影響。

那麼這位讀者所詢問的化油器車款是不是也可以這樣操駕的問題，如果是負壓式的話（利用吸氣的壓力來調整混合油氣，也稱作CV化油器，1980年代幾乎都是這種款式），就完全不會有問題，再更舊一點的車款只要不會產生頓挫的話也沒關係，有的時候可能會因為汽油品質的關係，會聽到細小的金屬敲擊聲響，這時只要將汽油等級提高應該就能解決了。

最新的噴射引擎因為可以偵測溫度、氣壓等各種不同的狀態，隨時調整出恰當比例的混合油氣，但這也需要配合油門操作才會產生變化，一開始轉開油門的方式同樣會影響循跡力的效率。

然後在大手油門過後，隨著引擎的轉速上升，當感到扭力過高，已經有點過度加速的話，就可以稍微抑制一下油門開度，另外不用刻意等到高轉就可以先行進檔，出彎擺正的階段最重要的就是利用油門操作增加循跡力和抓地力。

A 負壓式的款式 在低轉速時 大手油門也沒關係

後輪騎乘已經過時了嗎？

之前在煞車特集中發現明顯地是以向前就座為優先的賽道操駕該不會現在不管是市售車、摩托車業界、還是輪胎都開始以前輪為主了吧？現在向後就座已經過時了嗎？現在的主流到底是什麼方式呢？

還是以後輪為主

當介紹煞車的訣竅時，總是會集中說明在操駕時不要妨礙前輪的追隨性能，看起來好像會給人一種皆以前輪為主的錯覺，也難怪有些讀者看到之後會覺得現在的操駕方式是不是已經變成以前輪為主體，但事實上從切入開始，摩托車是以後輪為主軸開始迴旋，這件事基本上是不會改變的。

而且就算是MotoGP等頂尖比賽，靠前就座還是沒有變成最優先的方式，從旁邊看他們煞車的姿勢和觀察切入的樣子，也許感覺好像將全身的體重壓在前輪上，讓車身和後輪再追隨，而且後輪甚至還會左右搖晃進入彎道，會這樣想也情有可原，但就算後輪會左右晃動，後輪的接地性對於騎士來說依舊至關重要。

認真仔細觀察的話，應該可以發現騎士們都會等到後輪冷靜下來之後才開始切入，因為當後輪如果沒有確實咬住路面就進入迴旋狀態的話，摩托車無法進入「強勁過彎」的狀態，如果在進入複合式彎道時正好要和對手競爭的時候，各位應該也常看到騎士變換取線，一時間成功地領先，但後段卻因為轉彎力降低的關係取線外拋，結果又被人甩開的場面。這是因為在進彎時太過集中在煞車操控上，結果在後輪還沒有穩定的情況下就進入彎道的典型案例，就算騎士在途中已經發現這件事情，後輪的抓地力還是不會突然回歸，也只能遺憾地一直外拋出去。

然後在比賽中看到的騎乘姿勢，可能會發現騎士們的腰部都在內側極低的位置，上半身也盡量壓低，這種盡可能地將騎士的重心放在內側較低的位置的騎乘姿勢，有些角度上看起來可能會覺得沒有特別在意後輪負

就算是 MotoGP 的比賽中
前輪騎乘
也不是最優先的方式

在 MotoGP 的比賽中理所當然地會看到強勁煞車使後輪浮舉的畫面，但就算是在這種最頂級的賽事中，在壓車傾斜的時候沒有將體重放在後輪上的話就無法有效率地切入過彎

支撐身體的是
腰部和外側的大腿

MotoGP 騎士的過彎騎姿在彎道時頭會深深潛入內側的關係，感覺好像是前輪為主的操駕方式，但藉由照片可以了解實際上支撐騎士身體、承受重量的是外側的大腿和腰部，後輪騎乘的事實到今天也沒有改變

後輪轉向其實就是有意識地
將負重加諸在後輪

本誌在 1980 年代後半段開始都是使用「後輪騎乘」的敘述方式，這是因為在當時大部分的人都還是在利用蠻力操駕 250 ／ 400 cc仿賽的時代，所以必須強調對於後輪負重的意識，並且教導各位不要妨礙摩托車的動向的騎乘方式

A 維持後輪負重的操駕方式到現在也毫無改變

重，也就是說並沒有把身體的重量分配在座墊上。

但是騎乘時支撐身體的永遠不會是兩手臂，抵抗來自過彎時產生的反作用力，維持上半身穩定的還是腰部和外側大腿，如果從內側視角觀察騎士進彎時的姿勢的話應該就可以一目了然。

所以前輪負重或是以前輪為主的騎乘方式，有的時候只是一種為了表現特徵而使用的說法，除了特技表演之外，實際上是不存在的，請各位讀者放心。

這位讀者所說的「後輪騎乘」，其實指的就是不要讓後輪負重跑掉，或是持續對後輪施壓的意思，這也是本誌一直以來強調的事情。

這個基礎不管是以前或是現在都不會改變，只不過因為以前250和400 cc仿賽等中量級車款大行其道的時候，就算不用刻意注意後輪也能騎車，所以才特地重複強調將體重施加在後輪的騎乘方式，對於現在的大型重機來說，不管怎麼騎乘最終都會變成以後輪為中心的關係，不管有意識或無意識地操駕，最終都會和後輪有關聯，所以變成有機會才會刻意提點一下。

關於前輪的抓地感，就算要集中精神思考也不是件簡單的事情，先把所有精神都集中在後輪上吧。

總是煩惱著立定轉倒的危險該怎麼辦比較好呢？

好不容易考取大型重機駕照，得償所望地騎上大型重機，但丟臉的是立定轉倒的次數多到數不清，情緒都消沉起來了，尤其是發現可能要轉倒時卻什麼都不能做地呆呆跌倒，雖然很丟臉，但有沒有什麼好方法呢？

可先嘗試調鬆後預載

首先請問一下您騎車時腳能否踩在地上呢？如果兩腳腳跟可以牢牢踩在地上的話，當然可以降低立定轉倒的機率，但如果只有腳尖可以著地，而且還需要墊腳的話，那麼只會增加不安。所以在習慣愛車之前，可以試著將後輪避震的預載（調整彈簧在初期負重下的位置深淺的機構）一口氣調鬆看看。

此機構本來是為了調整後避震在行駛中因為騎士的體重所產生的下沉量，如果在過彎時打滑的話，這個下沉的後避震會回彈來避免突然失去後輪抓地力，也可以說是彌補騎士操駕失誤的範圍，另外因為轉開油門時會因為反下蹲角的設計，輪胎繼續向地面施壓，預載也能調整這個反應的初期動作。

如果這樣還是不夠的話，可以去專業的車行詢問看看能否削短後避震的長度，對車高進行改造。雖然這樣一來會有損摩托車本來的過彎性能，但這件事情先等到習慣愛車之後再說吧，習慣了愛車之後，應該也可以在腳尖勉強著地的狀態下穩定操駕摩托車了。

接下來就來討論什麼情況下最容易發生立定轉倒

出腳著地時

需要練習從腳跟開始

想要防止立定轉倒，腳的著地方式也很重要，如果不注意的話會習慣利用腳尖著地，但事實上這樣只會讓停車時更加不穩定，為了防止這種危險，需要時常練習從腳跟先著地，應該可以理解車身和身體更穩定才是

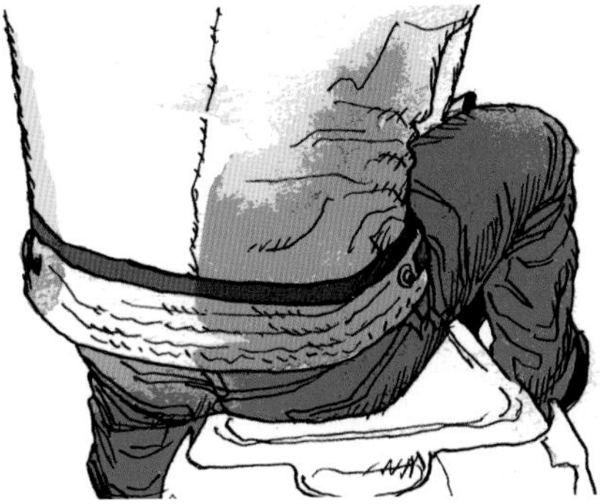

停車的時候
先移動腰部

如果對於置腳性感到不安的話，會讓人更想用兩隻腳著地，雖然不是不能理解這種心情，但事實上這樣反而會更加不安，比起兩腳腳尖點在地面，還不如移動腰部來讓單腳確實著地，這樣一來車身和身體也比較安定

在習慣摩托車之前
可以試著將預載調鬆

將避震器的預載調鬆是降低車高的手段之一，藉由調低初期施加在彈簧上的重量，增加騎士跨坐後的下沉量，在還不習慣的時候可以試看看

在停車前 隨時做好預備動作 A

吧，有沒有過在塞車或是停車前太過於注意停車位置而不小心轉倒的經驗呢？在慢速行駛下利用龍頭來維持摩托車的平衡，上半身不安定的狀況下，就有可能會疏於下半身的著地前準備，所以還不如專心在下半身，以置腳性為前提移動腰部，並且確實穩定地停車，人類只要一開始猶豫的話，就會陷入不知道該如何是好的狀態，結果反而無法順利操駕，所以該停車的話就乾脆地停車，就算比預設位置還要稍微前面一點也無妨，因為這樣可以防止意外發生。

另外可以多訓練停車時從腳跟先著地，從腳跟著地到腳尖著地還有幾公分的距離，如果沒有在腳尖著地前將摩托車完全靜止下來，腳就會被帶往後方，這樣一來就會失去平衡，無法順利支撐摩托車。

如果太過警戒的話，會讓人想要提早出腳先預備好，這樣一來反而無法抓好節奏在停車前讓腳著地，所以盡量在停車前把腳伸出即可，雖然感覺好像不太可能，但事實上摩托車不會一瞬間就倒下，所以停車前一刻再將腳伸出就可以了，只要多練習幾次就應該知道我在說什麼了。

不管怎麼說，在還沒習慣摩托車之前，再有經驗的騎士都有可能會立定轉倒，或是在長距離行駛之後，就算是有經驗的騎士也有可能因為疲勞而在家門口轉倒，不要過度緊張，隨時在停車前準備好預備姿勢。

摩托車上有著難以細數的部品零件，騎士也有許多人身部品，其設計目的為何？身為騎士又該如何選擇？在騎乘時又該注意什麼？怎麼調整才能讓摩托車更好操駕？詳盡的解答盡在部品篇

III 部品篇

想要知道輪胎和機油等消耗品的壽命和保養維護的方式

有人說輪胎就算還有胎紋，過了一定時間後也還是要換我又不是個喜歡飆車的人，不換的話會有什麼風險呢？另外像是機油和鍊條也是過了一定時間就一定要更換嗎？

隨時都需要檢查

構成輪胎的黑色橡膠基本上是由天然橡膠和合成橡膠依照不同的比例製成，但不管是什麼方式，都會與硫磺和二氧化矽等分子做結合，算是一種化學技術所孕育的產物，讓輪胎擁有彈性和緩衝能力，但如果我們放大檢視已經成型的輪胎，會發現其實中間有著許多空隙，這種狀態可以說是輪胎的特性，卻也容易讓穿過臭氧層的紫外線所影響，讓輪胎失去彈力和提早劣化。

雖然輪胎廠商已經在想辦法減緩這種情況，可是隨著行駛摩擦消耗後，表面一樣會變成同樣的情況，讓紫外線容易侵入。

最簡單的判別方式就是觀察記載著輪胎尺寸的胎壁位置，如果已經有一條一條的裂痕時，就是輪胎的特性已經開始劣化的證據，當然會容易打滑，提高發生意外的危險，就算胎紋還很深，也請當作輪胎已經壽終正寢比較好，並沒有因為只要不壓車，直線行駛就沒問題這種事情存在。

不過這種狀況的發生和停車環境有極大的關係，大型摩托車的半熱融胎大概在兩年內還沒什麼問題，如果到了第三年後大部分都會有這種問題，如果冬天不想騎車時，停在有鐵捲門的車庫裡，不要讓陽光直射輪胎的話能稍微延長壽命，或是用鋁箔紙纏起來也有防止紫外線傷害輪胎的效果。

在賽車場行駛後，胎面會有融化的痕跡，這時用手去碰的話會有點黏黏的，可是過了一段時間後就會乾掉變回硬塊，這個東西也會造成抓地力劣化，在一開始會比較容易打滑，所以記得不要做劇烈的操駕，平穩行駛會比較安全，但只要經過一小段時間的行駛將其磨耗掉之後，大致上都會回復本來

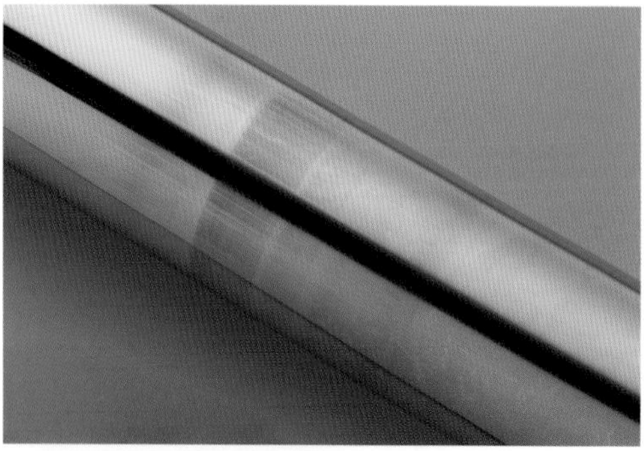

避震器本身也會隨著時間變化

前叉的內管和後避震的連桿部分會附著一點阻尼油，隨著阻尼油慢慢減少，緩衝特性也會慢慢變化，經過 3 ～ 4 年就有必要保養了

就算是高價的化學合成油也還是建議定期更換

引擎機油也是屬於有保存期限的東西，除了在高熱的環境下工作外，還有帶走引擎髒污的作用，相較於新品（左），就算只是短距離 ・ 短時間行駛（右邊的圖片是行駛 3000 km 的狀況），也會比想像的還髒

觀察胎壁就能知道輪胎的製造年份

輪胎的胎壁其實刻著各式各樣的情報，其中也有製造年份與週數，例如右邊照片所顯示的四位數「3810」，其實就表示這個輪胎是於 2010 年的第 38 週出廠的意思，先確定自己的輪胎是哪一年的產品吧

A 就算還有胎紋 每三年還是該換一次輪胎

的特性，所以不用擔心。

還有，引擎機油的性能也會隨著時間而逐漸劣化，雖然大家會覺得被密封在引擎裡面，而且行駛距離又比較短的話應該還好，但其實在運轉的時候，壓縮時的混合油氣和點火時的廢氣會穿過汽缸和活塞之間的縫隙和機油產生化學變化，所以也不能算是完全密閉的空間，因此就算長時間沒有運轉，引擎機油也還是會隨著時間累積而慢慢劣化，雖然大家說全合成機油可以減緩這種影響，但就算是高價的化學合成油，一年只運作一次，時間到了如果不換的話也會對引擎產生傷害。

至於鍊條，雖然只要不行駛就不會磨損，但極端地長時間放置不理的話，鍊條間的潤滑油也會乾掉。

有一件也很令人意外的是前後避震也會隨著行駛頻度而經年變化，雖然有油封可以防止前叉內管的油溢出，但仔細觀察，應該會發現有些阻尼油會附著在前叉上，這是因為在作動的時候會帶出一點點的阻尼油，然後被空氣風乾，導致阻尼油會慢慢減少，使緩衝特性產生變化，再加上引擎和排氣管附近的高溫以及被後輪所帶起的泥沙所附著，後避震的工作環境其實比想像中的嚴苛。

除了定期檢查輪胎、機油、鍊條等地方以外，連避震器也需要在經過三、四年後保養，為了可以安全地享受騎乘樂趣，定期細部保養是有其必要性存在。

輪胎分成有內胎和無內胎的款式 兩者間有什麼差別？

我比較喜歡散發著經典風格的復古車，最不可或缺的要素就是鋼絲框。但是朋友卻告訴我「鋼絲框不能裝無內胎式的輪胎喔」要我多考慮一下。這到底是什麼意思呢？

安全性有極大的差異

鋼絲框是以36～40條金屬桿連接輪轂和輪框，由於輪框上需要鑽孔來安裝固定鋼絲的基座，所以基本上是輪胎和輪框是沒有密合的一種輪胎裝置方式。也就是說，鋼絲輪框如果沒有使用內胎的話，灌入輪胎內的空氣就會從鋼絲固定座的縫隙中流出，基本上根本無法維持胎壓。

所以才無法像藉由鑄造、鍛造工法而一體成形的鋁合金或鎂合金輪框一樣，可以不需要裝維持胎壓的內胎，正確來說，鋼絲框是可以裝無內胎式輪胎，但裡頭還是需要一條內胎。

那麼不要內胎的輪胎到底有什麼不一樣呢？只要看看爆胎時的情況就一清二楚了，假設輪胎在行駛是被釘子刺破，因為無內胎式輪胎在內側貼有一片柔軟，可以抑制空氣洩漏的簾布層，釘子會如同塞住破洞一樣讓胎內的空氣可以緩慢流出，等到發現輪胎比平常還軟的時候，還能騎到有維修服務的加油站或是摩托車店處理。

相對地如果是舊款有內胎的輪胎，在行駛中不幸釘子深入到刺破內胎時，內胎的破口和外胎的破口會移動，導致空氣會一口氣噴出，胎壓會瞬間下降，摩托車會馬上搖搖晃晃，停車時會發現摩托車比平常還重，也會因為胎壓瞬間下降而無法繼續行駛，勉強硬騎的話還有可能讓輪胎脫離輪框，讓輪

市面上也有在販賣 讓鋼絲框不用內胎的工具組

市面上有工具組可以讓鋼絲框無內胎化，利用膠帶和墊片將輪框內側的螺絲鎖點蓋住並密封起來，雖然聽起來簡單，不過需要纖細的手法和經驗

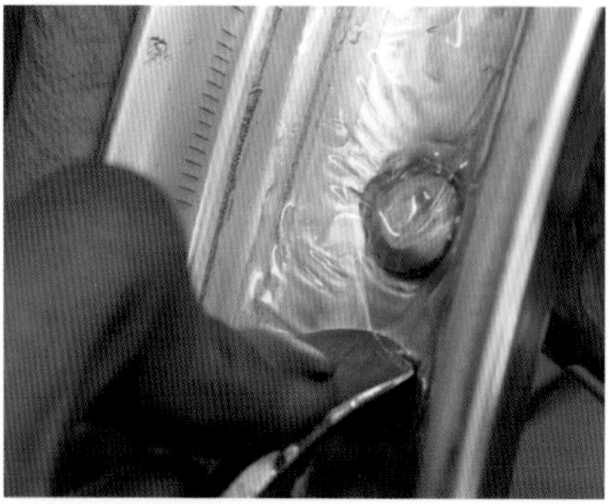

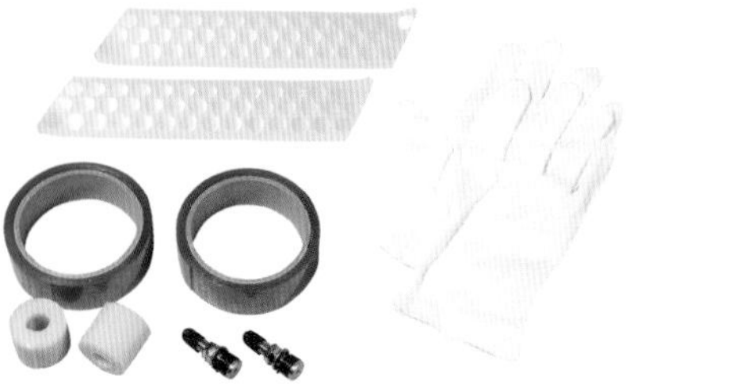

基本上鋼絲框都會搭配有內胎的輪胎

鋼絲框因為構造的關係，會貫穿輪圈來固定，所以無法維持輪圈和輪胎的密閉性，因此為了保持胎壓，必須加裝一條內胎

其實市面上也有無須內胎的鋼絲框

市場上的確存在著不用內胎的鋼絲框，代表範例就是 1980 年代時 BMW 推出的 R80／100GS，採用了「Cross Spoke Wheel」，將鋼絲固定在輪框邊緣而非表面，得以使鋼絲框也能不用內胎

框扭曲變形而無法繼續正常運作，只好請人來修理或是拖去修車廠處理。

倘若在高速行駛下發生這種事情，會有很高的機率會發生嚴重事故，這點絕對不是危言聳聽。

因此，不單只是為了外觀設計上好看或是為了提升剛性和輕量化，考量到騎乘安全性的問題，現在許多大型重機都採用不需要內胎的壓鑄輪框了。

但是話雖如此，還是有許多騎士支持鋼絲框獨特的魅力，所以BMW就捨棄舊有直接將鋼絲固定在輪框中線的設計，變成在輪框邊緣加裝可以固定鋼絲的地方，讓輪框不需要鑽洞來固定鋼絲，因此可以變成一個密閉空間，也能使用無內胎的輪胎了。

不過爆胎本來和運氣有關，為了不怕一萬，只怕萬一來考量的話，雖然我是覺得還是放棄使用鋼絲框吧，不過只要像這樣子知道兩者之間構造的不同，行駛時只要覺得有點怪怪的就馬上減速停車，確認一下輪胎有沒有出問題吧。

順帶一提，車子爆胎漏氣卻一直找不到位置的時候，將耳朵靠近輪胎聽聽看有沒有嘶嘶的漏氣聲，或許就可以在胎壁上找到破洞也說不定。

有內胎的輪胎一旦爆胎空氣會一口氣流失

A

胎壁磨耗後為什麼抓地力會減弱呢？

今年的 MotoGP 也相當激烈，每一次看比賽時最好奇的就是輪胎了，如果前半段衝得太過頭，最後可能沒有抓地力，輪胎的抓地性能變化這麼大嗎？

抓地力增減變化較大

沒錯，這的確會讓人心生疑竇，如果對於比賽結果影響這麼大時，選用抓地力到最後都不會變的輪胎應該就能解決問題了吧，為什麼輪胎廠商不開發壽命比較長的產品呢，我想這也是許多人心中的疑問吧。

比賽用的輪胎，特別是在胎面沒有紋路的光頭胎，因為技術比較複雜的關係，無法用三言兩語一言而盡，為了讓事情好理解，不要太複雜，我就直接從概要開始解釋。

首先，輪胎的抓地力會因為磨耗而下降的原因是胎面的橡膠層越來越薄的關係，提到輪胎的抓地力，一般人都會想到是輪胎表面對於地面的黏著力，但事實上更重要的是緩衝性能，也就是說當輪胎要打滑時可以藉由緩衝特性防止輪胎一口氣喪失抓地力，這種特性需要仰賴橡膠層擠壓變形，所以當輪胎因為磨耗而使胎面越來越薄時，輪胎就越來越無法承受變形的力道，當超過一個界線後就會突然變得非常容易打滑。

如果以減震用的橡膠來舉例的話應該比較容易想像吧，如果橡膠越薄時，相對地緩衝性能就會減弱，就算胎面的黏著力再強，橡膠層只要一薄，就連 MotoGP 騎士都會在壓車時打滑摔車，這點在 MotoGP 的轉播中應該司空見慣了。

那麼乾脆就把胎面的橡膠加厚不就解決了嗎？但這樣一來抓地力也會經常變化，讓比賽時的騎士非常難以操控，對於比賽來說，維持一定的抓地性能是至關重要的事。

當然如果抓地性能太弱，對於比賽成績也沒有好處，所以必須讓最佳的抓地力維持一定以上的時間，又要擁有騎士可以信賴的平衡

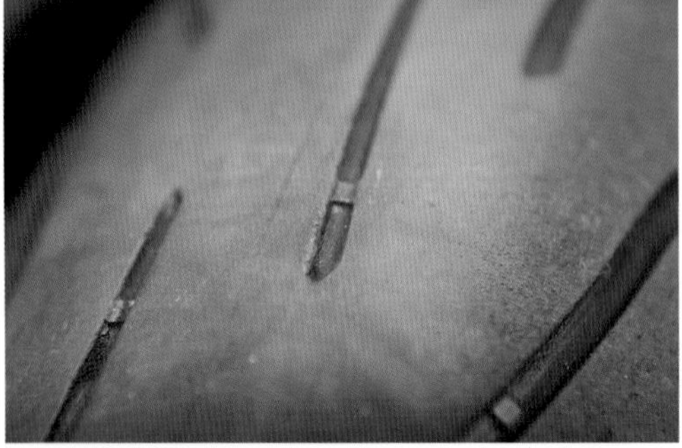

不單只是比賽用胎
公路胎的原理也相同

會因為磨耗而導致性能下降的不是只有比賽用光頭胎而已，胎面有紋路的公路胎也一樣，公路用胎在胎紋的溝槽裡有磨耗警示線，當這個部分接觸到地面時就一定要趕緊更換輪胎

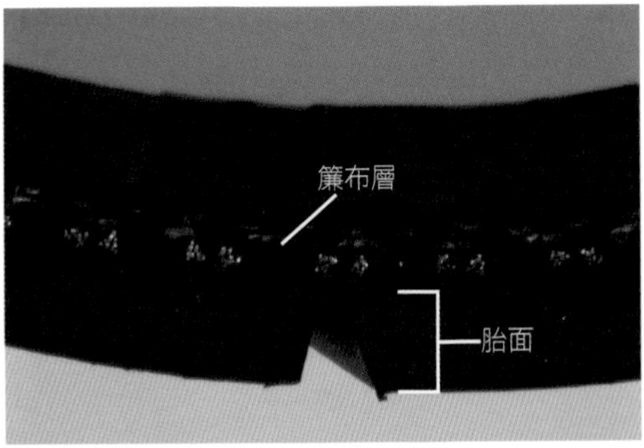

除了抓地力之外 緩衝力也很重要

輪胎的抓地力需要藉由胎面材質的黏著力和擠壓表面橡膠層使其緊貼地面才會產生，這就是為什麼當表面的橡膠磨耗超過一定程度後抓地力會劇減

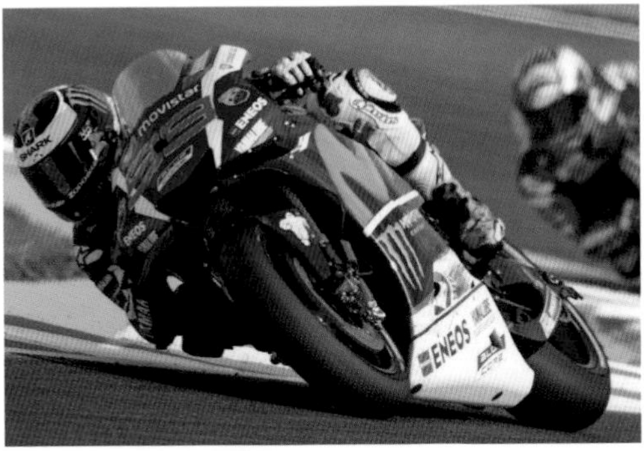

比賽時需要仰賴 輪胎維持 一定時間以上的性能

胎面的橡膠層如果因為磨耗而越來愈薄時，就算是 MotoGP 騎士也無法隨心所欲發揮騎乘技巧，所以輪胎必須經得起一定時間以上的劇烈操駕，才算是可以獲得騎士信賴的好輪胎

A 胎面（橡膠層）磨耗時緩衝性能也會下降

性，因此輪胎才演變成現在使用的款式。

因為強大的動力直接傳導到後輪的關係，在操駕中容易磨耗這點不難理解，可是為什麼在MotoGP的比賽中，前輪的磨耗也常常被提及呢？

比賽用前輪目前最新的傾向是為了讓保持輪胎形狀（也就是輪胎骨架）的簾布層可以提高追隨路面的性能，而將其纖維柔軟化，這麼一來橡膠層勢必要變薄才不會妨礙性能發揮，在迴旋中又被要求需要擁有極高的抓地力，維持性能的時間比後輪還要短，所以前輪的選擇實際上比後輪還要嚴苛，也會大幅度左右比賽後半段的命運。

對於看到這裡，感嘆原來比賽專用的輪胎設計是這麼纖細的讀者來說，一般人使用表面有紋路的輪胎也是如此，當輪胎的紋路因為磨耗而越來越淺時，對於抓地力來而言最重要的緩衝特性就會劇減，陷入隨隨便便就會打滑的險境，千萬不要覺得還有紋路就沒有關係，當輪胎已經達到磨耗警示時就一定要去換輪胎，也不要覺得紋路磨平了就變光頭胎可以增加抓地力，這根本是無稽之談，只不過是把自己置於險地而已，請讀者一定要小心看待。

能否從基礎開始教我改裝排氣管的好處呢？

最近發現重機改管的人越來越多，雖然看起來是很帥沒錯但和原廠管比起來到底差在哪裡？因為價格也不便宜的關係，我想從基礎開始了解更換後的好處

提升愛車整體性能

其實改裝排氣管從以前開始就很流行，不過最一開始大家的改裝重點著重在大聲澎派的音浪，騎士自己聽起來高興，但是對於一般民眾來說只是噪音罷了，為了保護民眾的權益，政府開始立法管制聲音大小，當法律規定越來越嚴格後，有一陣時期就銷聲匿跡了。

但是近幾年來隨著合格商品陸續被開發出來，重點也不再只是分貝而已，而是如何整體提升摩托車的性能，同時又能兼顧環境考量，再加上時代不同，沉穩渾厚的音浪更受人歡迎，聽起來也不再那麼刺耳，所以慢慢地改裝排氣管的人又多了起來。

排氣管和油箱是摩托車中占的面積最大，也最顯眼的兩樣部件，所以只要更換不同的套件，整台車的氣氛也會隨著改變。

而且大部分都是手工打造而成，使用高價且超輕量的鈦金屬作為素材，外觀亮眼，具備原廠不銹鋼製排氣管所沒有的存在感應該就是改管最大的魅力之一。

話雖如此，排氣管也是左右引擎性能的重要零件，可不能只看外觀，各廠牌當然都有獨自的技術和方式開發商品，細節就不在這裡贅述，接下來開始說明改裝排氣管可以提升什麼樣的性能，以及箇中原理。

首先，大量生產的原廠排氣管，為了加工的時間和成本考量，所以在形狀上會在擁有許多限制條件下開發而成。

因此整段排氣管從前段的排氣歧管開始，不論是為了不去干擾到前輪的形狀考量，或是遮掩因為高溫而容易氧化的管壁，都會採用更大口徑的外管將其包覆起來的雙重構造，四缸車的排氣管連結位置，本來是可以利用排氣干涉在回壓上下點功夫，可是也必須為了不干擾中柱而做調整，但改裝管就可以處理這些問題，藉此提升整個轉速域的性能，這點是原廠管無法比擬的。

當然排氣管廠商也會在使用的引擎下功夫研究，並且測

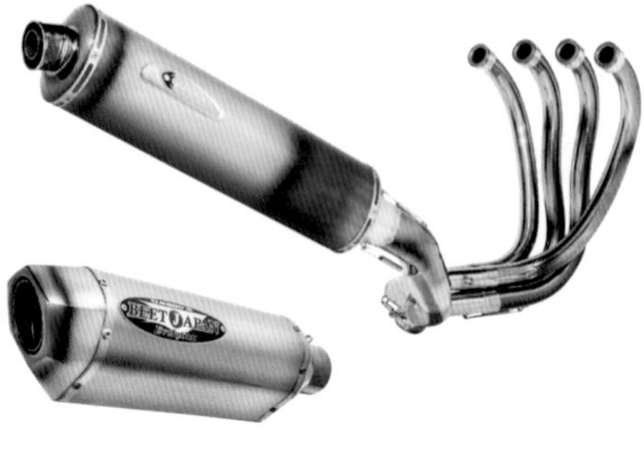

簡易的後段改裝

講究的全段改裝

改裝部品有分只換消音器的後段改裝和包含排氣歧管的整段改裝，想要輕量化並提升性能的話全段改裝比較好，後段改裝價格則比較漂亮

外觀設計搶眼
提升愛車性能

改觀排氣管除了提升馬力和扭力輸出之外，愛車給人的印象也會大幅度改變，這也是魅力所在，排氣管的焊接顏色和形狀等地方，各家廠商都不惜投入資金研發，因此改裝部品的確是有其價值所在

大幅輕量化的關係
騎乘感受也有變化

改裝排氣管最大的優點之一就是整體輕量化，相較於原廠管，只有一半重量的改裝管，對於日常生活時的推車移動或是運動操駕上都能發揮出不錯的效果

輕量化和提升扭力 優點可以說是數之不盡 A

試開發各種形狀的排氣管，利用汽缸之間的壓力差來讓連結部分的結構更複雜緊密，例如增設新的連結點讓氣流移動等方式，讓動力輸出更平穩有力，有些廠商甚至會將他們認為在某些轉速域中過多的力量轉移分配到其他轉速域，讓整體輸出更平均。

簡單來說，改裝套件其實就是彌補原廠排氣管因為開發限制而無法下功夫的地方，排氣管廠商不惜成本和時間的開發，讓摩托車整體性能再提升一個水準。

而且不能不提到的就是重量，不管是整段排氣管或是後段消音器的部分，原廠習慣使用防鏽的不鏽鋼，而手工打造的排氣管廠商則多使用鈦合金，鈦合金不只重量輕，連硬度也高到可以讓管壁變薄，將排氣管換成碳纖維製或是鈦合金製的產品時，根據情況不同，有些甚至可以輕到一半以上的重量。

這對操駕時的感受會有極大的影響，壓車時的輕盈感讓騎乘時更為銳利敏捷，這種改變不論是誰都可以體會，還有音浪也是，這部分的前提當然是成人可以忍受的分貝，排氣管廠商在法律規定下依照長年累積的經驗來調整平衡，尤其是在靜謐的郊外奔馳時仔細聆聽傳來的音浪，也是騎車時的一大享受。

雖然不管哪一種都不是花小錢就能買到的東西，所以事前必須做好功課，確認各家廠商的差異，才決定購買比較好，可以避免花了大錢卻沒有得到想要效果的窘境。

一到了冬天氣溫較低的時候剛開始騎車時都會膽顫心驚

當氣溫開始下降之後，開始行駛時腦海都充滿不安可是具體上又不知道在害怕什麼，只有我才會這樣嗎？有辦法克服嗎？

騎士的禦寒也很重要

我大概可以了解這種感覺，以前剛開始騎車的時候，冬天的寒冷讓愛車摸起來也冷冰冰的，充滿金屬感（這不是理所當然的嗎……），本來是互相信任的好夥伴，但愛車好像突然翻臉不認人的感覺。

哈哈，這只不過是我個人的妄想，如果讀者們沒有這種感覺的話也不要生氣，言歸正傳，會有這種感覺的原因有很多層面，冬天的溫度低，本來對於機械的運作就是一大考驗，引擎剛啟動後到機油溫度上升到可以順暢運作會需要一點時間，避震器和阻尼油溫度過低時會比較硬，緩衝效果也會比較差，煞車時碟盤和來令片摩擦發熱到產生制動力的時間也比一般情況來得長，每種情況的確都不利於操駕，但到了冬天這些都變理所當然的，老實說不需要過度在意。

但是當行駛了一陣之後，引擎雖然會逐漸暖機，可是只要避震器和煞車的遲鈍反應還存在，騎士就會陷入這種違和感裡，只要在操駕時無法得到設想的反應時，不安的情緒就會放大，結果就陷入了恐懼的泥淖裡。

而且最重要的是輪胎還是冰冷的，輪胎的橡膠材質如果沒有達到一定程度的工作溫度時不會變的柔軟，低溫較硬的狀態會使追隨路面的性能和抓地力極端下降，一不小心就會突然打滑，尤其是在冬天，就算有重複擠壓胎面暖胎，只要一停下，溫度又會很快的下降，愛車是使用熱熔胎的騎士更需要當心。

如果是旅行用胎的話，因為使用的材質不同，對於工作溫度的依賴會比較低一些，較低的溫度也能保有橡膠的柔軟度，所以還是先換成比較安全的旅行胎會比較好。

然後最需要注意的是騎士的禦寒，現在已經有電熱衣等五花八門的騎士防寒衣物，我因為還有出版戶外登山露營雜誌的關係，有一些基礎知識，通風透氣的棉製衣物容易讓身體更寒冷，所以貼近身體的衣

荷包尚有餘裕時
直接選購電熱裝備吧

如果在金錢方面沒有問題時，想要在冬天騎乘時禦寒最好的方式就是穿上電熱裝備和使用握把加熱器，就能簡單在冬季享受騎乘樂趣了

開始行駛的時候
都會比較遲鈍

在極低的氣溫中行駛時，每個人一定都會覺得有說不出來的違和感，除了身體以外，引擎機油、避震器、輪胎等等都會因為溫度過低的關係失去彈性，所以操駕時要慎之又慎

寒冷的冬天輪胎難以升溫
又很快地降溫
要注意暖胎的重要性

輪胎太冷的時候無法發揮出原本應有的性能，如果在早晨或是氣溫較低的山區才剛出發就馬上大手補油的話，很容易失去抓地力，另外在休息過後也需要注意輪胎的狀況

A 除了注意氣溫之外 摩托車和騎士 也都要確實暖身

物應該要選擇可以留住暖空氣的材質，外套則可以選擇內裏有防風功能，不讓冷空氣灌入衣內的款式，穿太厚的話雖然感覺好像很溫暖，但穿太緊容易妨礙血液循環，反而讓身體更冷。

手套如果是內部有鋪毛的款式感覺好像很暖活，但在操駕時容易造成手指的血液循環不良，意外地讓手指冰冷難耐，如果可以的話使用薄的手套，外面再套一層皮手套的組合會更保暖，這樣一來也比較好操作拉桿。

如果要說一勞永逸的方法的話，那就是直接使用握把加熱器吧，這麼一來，就算選用通風良好、利於操駕的薄手套也不會有問題，即使不是冬天騎車，在高山上行駛時也會有幫助，夏天下雨時也不用再去在意手套被雨淋濕了，老實說已經是不可或缺的道具之一。

另外現在已經有許多電熱外套、褲子、靴子可以選購，有些車款甚至連椅墊都有加熱功能了。

如果身體會因為寒冷縮在一起的話，除了有損操駕樂趣以外，連操作的反應都會變遲鈍，而且騎在路上只是想著好冷好痛苦的話，那一點也沒有享受騎乘樂趣的意義了。

我年輕的時候也是穿著厚外套搞得自己又冷又難活動，可是當時沒有這些產物，現在科技發達了之後，請一定要嘗試讓自己暖活騎車的先進人身部品看看。

如果換了輪胎的品牌感受也會不一樣是真的嗎？

有人跟我說如果換不一樣的輪胎品牌，騎乘感也會隨之改變這是真的嗎？那這樣不就是連摩托車的性格都會改變嗎？

選擇讓人最安心的輪胎

沒錯，就算是同一台摩托車，只要裝上不同廠牌的輪胎，騎乘感受和操駕感也會不太一樣，而且這感覺其實還算蠻明顯的，例如在切入進彎的時候可能會覺得車輛傾斜的速度變慢，也就是覺得摩托車變重，或是相反地有可能也會感受到銳利輕快，但會突然讓人感到不安，害怕轉倒，總而言之會和之前已經熟練的感覺完全不同，帶來奇怪的違和感。

因為就算是同尺寸的輪胎，輪胎廠商不同，輪胎的剖面形狀也會不太一樣，做為維持輪胎形狀、強度、緩衝特性的纖維簾布層的數目也不同。雖然輪胎在設計時的方針和目標特性上並沒有太大的差異，但因為每個輪胎廠商所累積的技術不同，所以在切入時車身反饋回來的感覺不同也實屬正常。

所以如果想避免這種困擾的話，只要在換輪胎的時候選擇購車時原廠所配備的輪胎品牌就沒問題了，各位讀者一定會這樣想吧，不過新車出廠時選用的輪胎稱為OEM，會為了摩托車的特性而在細節處做些微的調整，因此同一廠牌、同樣尺寸的輪胎，輪胎商和摩托車用品店所販售的輪胎還是會和出廠時所安裝的輪胎有些微的不同，所以如果真的非常在意這個問題時，只能多花一點錢向車廠直接購買原廠搭配的輪胎，別無他法。

不過話又說回來，就算是完全一模一樣的產品，輪胎在更換前已經遭到磨損，以及為了吸收衝擊而被反覆擠壓，簾布層的強度和緩衝特性已經產生變化，所以就算換上相同的輪胎，一開始時還是會有一點奇妙的違和感，雖然只要行駛一段時間，身體習慣的話就沒什麼大不了，倘若心中已經先入為主，覺得怎麼換了一樣的輪胎，

廠商和款式相同也還是會有 OEM 和一般販售胎的差異

新車出廠時所配備的 OEM 輪胎是為了開發摩托車時所專門設計過的產品，因此就算是同樣廠牌的一般市售胎，嚴格來說設定也不會完全相同，操駕感還是會有一點點的差異

廠商獨有的技術
會使輪胎的特性不同

就算是兩個尺寸完全相同的輪胎，開發廠商不同的話，騎乘感受也會不一樣，這是因為內部構造和表面材質不同，開發概念與目標也不一樣的關係，因此可以多試試不同的廠商，找尋最適合自己的輪胎也是騎車的一大樂趣

最新款跑旅胎抓地力
和以前的熱熔胎相差無幾

喜歡超跑的騎士也應該瞭解的是現在最新的跑旅胎，在抓地性能上已經和舊款的熱熔胎並駕齊驅了，還能在路面溫度低的情況下發揮效用，可以說是優點多多

A 因為每個廠商的製作方式和技術不同才會有感覺上的差異

可是操駕感還是不同的話，結果還是會讓人覺得越換越難騎。

輪胎可是日新月異的產品，幾乎每兩年就會有新款推出，進化內容也不單純只是提升抓地力或耐磨性能，除了整體變的更加輕快之外，又不會讓騎士感到不安，操駕感也更容易令人接受。

不過如果是旅行用車款，最好還是選擇跑旅胎，如果為了抓地力去選擇給超跑使用的熱熔胎的話，雖然可以大幅提升抓地力沒有錯，但卻必須犧牲耐磨性，操駕起來也不那麼舒適，反過來說，超跑也不是非得選擇熱熔胎不可，因為現在的跑旅胎抓地力已經幾乎可以媲美以前的熱熔胎，而且操縱感和耐磨性能優異不少。另外還有工作溫度，熱熔胎所需的工作溫度較高，沒有正確暖胎的話無法發揮出應有的抓地力，在冬天時幾乎可以說是英雄無用武之地，但相反地跑旅胎就適合在這種情況下使用，如果是下雨天或是冬天時，跑旅胎絕對是最好的選擇，話雖如此，輪胎也有非常多的廠商可以選擇，令人眼花撩亂，該怎麼辦才好呢？這時就需要自己多做一些功課了，可以參考網路或是雜誌上的測試報導，但最後還是要以自己的騎乘感覺為主，哪一種輪胎騎起來最令自己安心，那就是最適合的輪胎了。

該怎麼樣才能磨掉新輪胎表面的胎蠟呢？

前一陣子剛換上新的輪胎，但因為私人因素的關係沒什麼機會騎車所以表面的臘一直磨不掉，請教教我在市區騎乘時怎樣才能磨除胎臘？

扎實進行暖胎動作

更換新輪胎時，應該有接收到「最一開始輪胎容易打滑，請稍微習慣一下之後再開始正常操駕」的提醒吧。

這是因為輪胎的製造過程中，為了方便脫模而施加的脫模劑殘留在輪胎表面，雖然出廠時會稍微擦拭，但在與路面間摩擦殆盡之前還是不要大意會比較好。

另外還有一件事情，剛組合好的輪胎內部的簾布層因為還沒受到擠壓，可能還沒有辦法充分發揮出緩衝的效用。一般而言這段時期的暖胎動作會叫做除胎臘，但不要誤會成需要看到輪胎表面有磨耗的痕跡，實際上不需要磨到這種程度，那麼接下來就具體說明該如何磨除胎臘。

關於輪胎表面的胎臘，只要謹慎操作油門和煞車，大概行駛數公里到數十公里左右就足夠了，沒有磨到輪胎邊邊感覺上在過彎時會容易打滑，但這只是個誤會，只要輪胎中心與路面接觸的面積有確實去除胎臘，接下來更外側的部分就是擠壓輪胎才能接觸地面的領域了，所以沒什麼大問題，不要太過於劇烈操駕就好。

再加上最近也開始使用鋁合金鑄造的模具，脫模劑比以前少了很多，輪胎表面也沒有那麼平滑，不像以前的輪胎好像塗了一層矽利康一樣光滑，因此也不需要過於神經質，不要突然急劇地加速、緊急煞車、快速迴轉的話應該都不會有太大的問題，如果要包含簾布層一起暖胎的話，最快的方式就是騎上快速道路，等胎臘磨得差不多的時候，在低轉的情況下大手油門，就能有效地讓地面擠壓輪胎，稍微出點力扣動煞車同樣可以擠壓前輪，不過當然要在周遭沒有車輛的時候進行。

所以其實沒有必要連胎

不太需要
像以前一樣神經質

以前的新品輪胎在表面會有明顯可見的光芒，這是為了讓脫模時更加簡單而增添的化學藥劑，為了磨掉表面的胎臘會需要經過一段時間的暖胎動作，但現在已經不需要像以前一樣那麼神經質了

利用擠壓輪胎
發揮出應有的性能

暖胎的動作除了磨掉表面的脫模劑之外，對於激發出輪胎應有的性能也相當重要，新輪胎內部的簾布層完全沒有受到擠壓的緣故，會沒辦法配合胎面發揮緩衝的性能

依賴工作溫度的熱熔胎
需要確實做好暖胎動作

暖胎除了去除新輪胎表面的胎臘之外還有別的意義在，對於高抓地力的熱熔胎來說，工作溫度是最重要的一環，需要到達一定溫度以上才能完全發揮功能，所以就算是在溫暖的季節出門騎車，也一定要做好溫度管理

A 減少劇烈操駕 將騎乘的重點放在正確且確實地擠壓輪胎

面都要有磨耗的痕跡才算有磨掉胎臘，以這位讀者的狀況來說，我認為是已經完成了磨胎臘的動作了。

就高抓地力的熱熔胎來說，比起磨胎臘，更重要的是要記得在彎道時不要突然一口氣就較深的傾角過彎，這樣一來會提高打滑的機率，抓地力比較好的輪胎，擁有較好的緩衝力、黏著力，打滑時的包容力都比較佳，這點大家都知道，但這種高水準的性能需要輪胎達到正確的工作溫度。

就算是用著已經磨完胎臘的輪胎，盲目地增加壓車傾角，沒有確實做好重心分配的話，胎溫也不容易上升，這麼一來就有可能陷入容易打滑的窘境，這點還請放在心上。比起壓車傾角，正確地對後輪施加重量、確實擠壓輪胎，之後再徐徐增加壓車傾角，才能得到最佳性能。

所以對於使用高抓地力熱熔胎的騎士而言，輪胎的溫度管理是最為重要的一環，想要發揮出輪胎的抓地性能，必須經常暖胎，大家在氣溫和路面溫度較低的冬天都會特別注意，氣候一但回溫的時候就很容易忘記這件事，就算是夏天騎車，輪胎表面溫度有提升，但溫度卻可能還沒傳入內部的簾布層。輪胎的構造不是只有胎面，內部構造才是性能最大的來源，這點請別忘了。

MotoGP 廠車車頭上的翅膀究竟有什麼作用呢？

MotoGP 廠車在車頭加裝的「翅膀」究竟有著什麼效果呢？幾年前都還沒看過，突然就出現了看起來感覺也很難駕馭，根本先生怎麼認為呢？

不單只是為了提升速度

MotoGP 廠車的前導流罩兩側，2016 年起悄悄地出現了幾對翅膀，本來是 DUCATI 先實驗性地試用看看，但不知道為什麼許多車廠都陸續跟進，的確會令人心懷疑竇。

裝設導流罩的目的不用特別說明也知道是為了降低空氣的抵抗力，但倘若只有為了這點，那麼全部將導流罩設計成挑戰最高時速時的樣式，包覆整個騎士不就好了，但是對於需要在賽車場上奔馳的 MotoGP 來說，左右過彎的動作也相當重要，如果導流罩太大的話，有很大的可能性會妨礙左右切入的動作。

所以將車頭縮小，形狀上以切開空氣為優先考量的設計就慢慢增加了，就 MotoGP 的廠車來說，設計上還需要考量散熱器和排熱效果，為了讓整體體積縮小，並且固定在較緊密的車身內，導流罩內側的空氣流動也很重要，再加上想盡可能地讓引擎吸入溫度較低的空氣，還必須利用高速域時產生的風壓，因此所有的車頭都設有進氣口。

以這些要素為前提，車頭包含下導流可以切開氣流的形狀，其實需要非常纖細的設計，因為空氣不會平均分配好之後撞上導流罩，而是如果有壓力較高的部分時，周圍的流速會變慢，抵抗力就會下降，這麼一來整

比起下壓力
提高運動性能才是最大目的

DUCATI 在 MotoGP 開始活用的翅膀，從外表就能看出具有複雜的形狀，與其說是為了增加高速行駛時的下壓力，倒不如說是可以全方位提升整流效果、運動性能、穩定性而使用的裝備

如果只是想提升最高時速那麼使用大型的全罩就好了

彎道性能只是第二順位，過去賽車界有一段時期只注重直線加速，因此大多採用會將騎士包覆住的大型導流罩，降低空氣阻力，提升最高速度就是這個設計的最大目的

為了在高速域也能輕巧操控車身嘗試過各種方法

1990 年代初期，曾經流行過在廠車的車頭和側邊的導流罩上釘出無數個小孔洞，除了散熱之外，在高速時的左右切入也比較輕快，但是這個方法在短時間內就消失了

為了提升高速域的安定性和運動性 A

體的安定性就變成一大課題，因為形狀的關係，車身可能會產生上下或左右晃動也說不定。

　這時登場的就是翅膀，仔細觀察噴射戰鬥機，應該可以發現機身和機翼上都裝著小翅膀吧，藉由這些小翅膀的設計，可以導正紊亂的氣流，避免產生多餘的反作用力，降低機身顫動，提升運動性能，讓整體更加靈活，再加上因為降低了空氣阻力的關係，也有助於減少油耗，雖然是後來才加裝的設備，沒有和機身及機翼一體化，不過加裝之後就能得到一定的效果。

　同樣的效果當然也能運用在MotoGP廠車上，簡單地增加下壓力，抑制高速時的浮舉效應，增加前輪的抓地感，但是再讓我們仔細觀察看看，如果單純只是要增加下壓力時，那麼其實只要裝上一個角度比較斜的平面就好了，可是看看車頭翅膀的形狀，每一個都相當有相當複雜的曲線。

　因此，雖然看起來只是為了增加高速時的下壓力，但實際上不僅僅如此，還能導正氣流，提升高速域時的運動性和穩定性，所以應該還有降低空氣阻力，提升整體性能為目的，我想這應該就是翅膀的功能。

　隨著今後的研究應該還會出現各式各樣不同形狀的翅膀，這東西最後究竟會演變成什麼形式，各家車廠又會怎麼看待這項設備，令人倍感有趣。

根本老大在騎乘旅遊時也會穿上護具嗎？

**前幾天第一次使用胸部護具
一直有東西黏在胸口的感覺令人相當在意，感覺上反而更不安全
根本老大在騎乘旅遊的時候會另外穿上非衣服內藏的護具嗎？**

有穿絕對比較好

我在騎乘旅遊時也會穿著脊椎護具，就算外套的背部有一塊很像護具的東西，但只要不是像安全帽一樣靠著破壞護板的原理來吸收突如其來的衝擊時，我都會穿著脊椎護具。

既然叫作「意外」，那麼大部分的時候都會在「意料之外」的時候發生，就算是GP選手，也有可能在非高速賽道上發生意外，曾經有過這種案例：在勘察賽道的第一天因為太熱的關係沒有穿著護具直接下賽道，結果在無法預料的情況下HIGHSIDE轉倒，背部運氣不好受到強力重擊，因此下半輩子都需要坐輪椅度日，所以當腦海中出現「就今天偷懶一下應該沒關係」、「這樣應該也沒什麼大問題吧」或是「應該不會這麼衰吧」的想法時，請當作是命運之神偷偷設下的陷阱比較好。

就我的場合而言，連身賽車服底下穿的不只是脊椎護具，而是包含胸口保護的一整套前後護具，會這樣做的契機也是因為發生過意想不到的狀況，有一次在濕滑的賽道上，我自己是打算小心翼翼的操駕，但是因為受到其他車輛的擠壓，騎到有長有濕滑草地的邊緣處，因為無法減速的關係，如果不自己轉倒的話會直接衝撞牆壁，但是在為了轉倒操作煞車時，被左右搖晃甩頭的握把重擊自己的胸部。

因為其實胸口側的護甲構造不需要像背部那麼堅固，所以旅遊時我是不會穿賽車用連身皮衣的護具，但是賽車皮衣的尺寸會以需要加穿前後護具的前提選擇比較大一號的尺寸，旅遊用的休閒服飾如果還要在加穿護具的話要找到剛好的尺寸也不是件簡單的事，但是如果有推出更小更緊密的一體型護具的話，我也不會排斥使

**1990 年代前半
多為塑膠製脊椎護具**

直到 1990 年代塑膠製的脊椎護具才被騎士廣泛接受，本來是賽車選手才會使用的東西，逐漸在一般騎士中興起，當時沒有太多種類可以選擇，所以只有安全意識比較高的騎士才會採用

各部位縫有護具的背心款式也具有相當人氣

這幾年受到矚目的是這種在背部、胸口、肩膀等地方都加裝護具的被新款式，可以穿在外套底下，優點是毫無違和感，和騎士的一體感較高，另外也有推出透氣的網狀編織材質

這幾年受到注意的胸口護具

死亡原因僅次於頭部傷害、位居第二的就是胸部受傷，所以這幾年開始，穿著胸部護具的意識逐漸抬頭，從塞在外套內袋裡到背心式的款式等，選擇相當多樣化，最近也持續輕量和小型化

A 會使用龜背和胸甲一體的背心型護具

用。再加上近年來推出的護具通風性能都相當良好，而且為了吸收衝擊，會刻意和身體產生空隙，所以通風效果會比不穿護具還要好上不少，反而值得推薦使用看看。

尤其是騎乘姿勢比較前傾戰鬥的車款更適合使用脊椎護具，因為最下緣都會加裝一塊護板，可以讓背呈現彎曲的狀態，作為肩膀到腰部間的緩衝，吸收來自路面的上下衝擊相當有效，如果長時間連續騎乘之後有腰部疼痛的問題時，可以試看看脊椎護具的效果。

參加比賽的1960年代，我會在連身賽車服的肩膀和腰部縫上一塊皮革，但這和吸收衝擊完全沒有任何關係，而是為了降低風阻，讓皮衣在前傾騎姿時也能黏在身上。

但是只要參加比賽就有很高的風險轉倒，所以當我決定私人參戰後，就開始將贊助商提供的皮衣加厚、並且讓膝蓋內裡可以加裝塑膠護具，肩膀和手肘也有加縫緩衝材質，看起來相當累贅，在當時的其他人眼中是有點過於誇張了，一開始時還常常感受到冰冷的視線，但是過沒多久就出現許多仿效的騎士，畢竟誰都不想轉倒，也不想因為小小的事故而讓整個賽季報銷。

最近連服裝內縫有安全氣囊的款式都已經登場了，為了避免讓自己以後不能再享受騎乘樂趣的意外，或是下半輩子必須靠輪椅度過，請一定要多加活用護具，以策安全。

日本傳奇車手根本健先生擁有一甲子以上的騎乘資歷，參戰過 WGP 等各大國際賽事，號稱摩托車界的活字典，也被日本車友們尊稱為根本老大，腦海裡所蘊藏的知識可是相當值得一讀呦

IV 雜學篇

賽車場比一般山路還安全？

經常聽到人說賽車場比一般山路還安全很多
但是在賽車場時的車速比較快，我個人覺得會比較恐怖
那麼到底賽車場和一般山路有什麼不同呢？

練習技巧的好地方

在賽車場上當然是沒有時速限制，也是全力攻略彎道的好地方，萬一不小心轉倒滑出賽道外的話也有沙地或草地做一定程度的緩衝與減速。只要穿著正確的賽車服，好好使用護具的話，就可以將摔車的傷害降到最低，只是摔的是自己的愛車還是會非常心疼就是了。

也就是說在賽車場上騎乘時，不會像在一般道路上摔車時馬上就會撞到護欄或是水泥石墩，只要運氣不要太差，基本上不會撞到什麼東西，當然也不會有對向來車的問題。

所以賽車場是個會先以摔車風險來做道路設計和規劃的地方，不過話雖如此，摔車時也還是有和其他車輛產生碰撞的危險，所以能否安全行駛還是需要靠每一個騎士嚴格地對自己要求，不做任何會害人害己的事。

在賽車場奔馳的優點就是可以降低摔車時的風險，路面也經常在維護而使抓地力穩定，而且在同一種路線上奔馳，久而久之就會習慣路線，慢慢提升速度也比較不會感到不安，是享受高速快感的最佳場所。

因此可以在賽車場內嘗試在一般道路上相當危險的技巧，例如強力煞車或是漸漸加深壓車傾角，這些經驗也能提高山路騎乘的樂趣，尤其是對初學者來說，在安全的地方熟悉自己的愛車，了解騎乘技巧的原理，也是提升操駕技巧的捷徑，但要注意於一般道路上騎乘時還是以安全為絕對目的。

多數人好像都會有到賽車場就一定要騎很快才行的錯誤觀念，然後勉強自己提升速度，但其實無論是誰，第一次到賽車場都會不安，尤其是看到其他有經驗的人從旁刷卡呼嘯而過，就會產生「自己也許無法像他們一

實際體會根本健的騎乘技巧
雲霄飛車雙載體驗

在 Riding Party 親身感受執筆人根本健的騎乘技巧—雲霄飛車雙載體驗，可以一邊對話一邊行駛，能更深入了解騎乘技巧，因此大受好評

前 WGP 冠軍

原田哲也

每一次的 Riding Party 都會邀請重量級嘉賓到場擔任各位參加者的先導車及一對一傳授騎乘密技，這種體驗可是在其他地方所沒有的喔

日本雜誌社舉辦的

Riding Party

以「速度快沒什麼了不起」為主旨的騎乘活動，擁有連續舉辦 20 年以上的經驗，無論是新手教學或是輔導機制都相當健全，請務必參加看看

樣」失落感也很正常。其實就連我第一次在賽車場騎車的時候，第一圈要跑完時沒有直接走最後的直線衝刺，反而因為太過害怕而跑回PIT區，兩腳不停顫抖，就算停車之後也沒有辦法馬上下車。雖然在山路騎乘時表現感覺還算不錯，可以完全沒有大手油門全力衝刺的經驗，會有這種結果也在意料之中。

所以在這裡請讓我自賣自誇一下，在日本舉辦的Riding Party為了不要讓第一次體驗賽道的朋友們遇到同樣的問題，特地設置了初學者專用的等級，利用背心的顏色讓其他騎士也能一目瞭然、多加體諒，讓初學者也能無後顧之憂地享受第一次的賽道經驗，因此每次舉辦都有10%左右的騎士是第一次來體驗賽道的朋友。

另外還有中級班、準高級班、高級班等級距，細分所有參加者的等級，讓各位都能更差不多水準的騎士們一同行駛，能更加安心地享受賽道騎乘樂趣。

另外不只有在上午習慣賽道時才有先導車，如果各位有需要的話也能隨時有先導車在前頭帶路，不會讓人有孤單被拋棄的感覺，再加上許多知名人物都會在現場給予騎乘建議以及我們龐大的工作人員在現場聽候差遣，詳情請上RIDERS CLUB官網或是facebook查詢。

A 只要不做特別危險的事情 都還算安全 也是提升操駕技巧的捷徑

不想因為年紀越來越大而放棄騎車 要如何才能繼續維持體力呢？

根本先生都已經一把年紀了還會參加比賽
如果有任何可以維持體力不衰退的訣竅
請一定要讓我參考看看

首先一定要服老

我本來就不是一個注重養生的人，也沒有特別為了保持體力而做什麼特殊的鍛鍊，而且出版社本來就是個工作時間不規律的職業，有時候加班埋頭於工作中，只不過還沒有到完全墮落放棄保養的地步罷了。

真要說的話，為了彌補運動不足和不要讓筋骨越來越硬，冬天的時候我也會去室內泳池游泳，但是要怎麼維持體力不衰退，我實在是沒什麼說的出口的建議，辜負各位的期待，真的很不好意思。

不過從 40 歲開始，經過 50 歲到了 60 歲，騎車的感覺真的會隨著年紀增長慢慢產生變化，例如反射神經，突然出現意外狀況時的反應確實變遲鈍了，或許和完全不騎車或是不做任何運動的人比起來遲緩的速度說不定已經比較慢了，但這種感覺實在令人很不舒服，我也曾經渡過這種令人倍感痛苦的時間。

例如從巷子騎進主幹道的時候，明明已經向左確認沒有行人或腳踏車了，慢慢起步後卻突然有高速行駛的汽車衝過來，雖然也許可以歸咎於運氣不好，但這種狀況是真的會隨著年齡增長而變多，一開始的確是沒有多想，其實我也到 50 歲左右才開始正視這個問題。

老實說在 40 歲的時候我覺得自己還算年輕，因為又身處於編輯現場的中心，騎車的頻率也蠻高的，所以身心一直有在習慣騎車的日子，但整體機能衰退卻是免不了的事情，後來也不小心轉倒受傷過。

我本來就不是明明害怕還會覺得沒關係硬要衝的個性，所以迴避了許多危險，但過去以賽車為職業的緣故，總是想要挑戰極限，藉由摔車讓我自覺在操駕上過

隨著年齡增加
反應速度確實會變遲鈍

周圍的狀況突然產生變化，也許每一刻都是命運的分歧點，所以在任何操駕上都須謹慎，不要貪快，例如停紅綠燈或是起步時的操作都要沉穩確實，避免讓自己陷入膽顫心驚的窘境，想要長久享受騎乘樂趣的話，這點絕對不可以忘記

持續 20 年在 Riding Party 負責雙載騎乘單元

摩托車不是一定要莽撞地飆車才了不起，為了讓各位讀者體會如何滑順操駕，20 年不間斷的在 Riding Party 裡載著參加者體驗如何操作油門與煞車，教導如何提高容錯率的安駕方式

按照慣例就算每年參加美國 Daytona 比賽也不怠於熱身

雖然每年都用著同一台車騎同一個賽道，還是需要花點時間熟悉整個狀況，就連對手 John 在第一次練習時也用著令人訝異的慢速度在賽道上熱身，慢慢加快速度和不做勉強自己的操駕就是延長重機人生的秘訣

A 行駛時多花點時間熱身及熟悉愛車

於輕忽，也開始覺得這樣很危險。然後到了 50 歲之後開始迷上騎乘旅遊，我在投入比賽前本來就很喜歡旅遊，尤其是完全不看地圖的旅遊方式，所以漸漸地就把測試性能等單元讓給公司的後進來負責了。

後來受到各位前輩的感招，如同各位所知的，我開始參加美國 Daytona 古董車比賽，但為了不讓家人反對我繼續騎車，所以總是提醒自己不要太過莽撞，承認自己已經老了，結果技術反而又漸漸提升了。

所以首先人一定要服老，不要覺得自己還年輕，自然而然會注意留心其他事情，慢慢的上面所說的危險例子也沒那麼常發生了。

如果只是 30 或 40 歲左右的讀者也許會對我說的事情不以為然，但 50 歲的讀者可能就已經心有戚戚焉了。

只要騎車或開車上路，不管再怎麼小心都一定還會有風險，也有朋友和公司後進因為運氣不好而過世，因此我對於自己還能一直騎車感到幸運，為了不要出意外，我會花比較長的時間在熱身，一邊騎車一邊重複確認自己和摩托車狀況，這樣一來不只把身體熱開，也可以加速熟悉愛車，本來就已經是出意外也不奇怪的年齡了，在騎車時更應該小心，除了保護自己的安全以外，更不要對他人造成困擾，若想要繼續享受騎乘樂趣的話，這點就是騎士必須提醒自己的事情。

騎乘旅遊的行程規劃逐漸制式化有沒有突破這種窘境的方法？

隨著騎乘旅遊的次數提高，住家周圍的地點都已經去膩了但長距離的旅途又不可能說走就走要如何突破這種制式化呢？

享受騎乘以外的事物

這位讀者所說的問題我也感同身受，剛開始只要騎車就很開心，去那裡根本不太重要，再加上無論去哪都是第一次，新鮮感和旅遊的興奮讓旅途充滿了快樂的回憶。然後就會在這之中找到最中意的地點，結果變成一種例行公事，每次要騎車都只去同一個地方，最後就感到無趣了。於是為了冒險就開始規劃一些長距離的旅途，也和同伴一起累積了不少的經驗。

但工作開始繁忙之後，也沒什麼假日可以規劃在外留宿的長途旅行，得來不易的休假每次騎的都是那幾條路線，雖然我只要一騎車就會很高興，但有時候的確會覺得好像少了以前那種新鮮感。

剛好在那個時期買了一台休旅車，有一次在騎例行路線時心血來潮地轉進旁邊的小路，雖然這附近已經熟到沒有地圖也如同在逛自家花園了，但是這種山林間的小路看起來又不像是可以享受過彎樂趣，平常的我是怎麼樣也不可能轉進來的。

持續行駛了一陣子之後，來到了陽光只能透過茂密的林葉間灑入的深山裡，我把引擎熄火停下來休息，順便猶豫一下要不要繼續前進，本來覺得會一片寂靜，但因為風而搖曳著的葉子的沙沙聲如同流水般地傳入耳朵，以往忙於奔馳時不會注意到的大自然的聲音，讓我逐漸放輕鬆，並度過了一段忘我的時間。

所以這時我才意識到「停車」的重要性，騎乘旅遊雖然很容易會讓人專心在騎乘上，但只要停下腳步，就能看到以前所漏掉的景色，這應該是騎車才會有的美好體驗吧。

另外我回程時都是利用通往市中心的高速公路，有

心血來潮騎進
路旁林道吧

在已經熟悉的路線上心血來潮轉進從未去過的叉路看看吧，也許會發現不同的風景和樂趣，想要打破制式化其實沒有想像中的那麼難

試著換台車
騎看看休旅車
或是 ADV 車款吧

如果愛車是重視過彎表現和性能輸出的摩托車時，就試著換騎看看適合旅遊的車款吧，轉進從未踏足的叉路，享受「停下腳步」的慢活樂趣，可以讓旅遊更加愉快

停下腳步
看看以往
沒有注意的人事物

騎乘旅遊時很容易會沒完沒了的一直騎車，試著停下腳步看看平常沒有注意的地方，也許還能遇到當地民眾分享外鄉人所不會知道的旅途地點

A 跳脫規律的路線 停下腳步看看其他地方 也是旅遊的醍醐味

一次在路旁的山丘裡看到一個小村落，就想著下次去那裡看看吧，然後下次旅行時就特地在附近下交流道離開高速公路，藉由地圖慢慢地朝上次所看到的村落邁進，經過了鄉間小路後，來到了目的地的山村中，村內有一間古舊的神社，我把摩托車熄火後靜靜地想著嚴苛的自然環境與信仰神明間的關係，度過了一段沉靜心靈的時光，離開的路上遇到一戶農家正在風乾柿子，停車下來觀望後也和對方聊了一段時間。

自那時起有段時期我都專挑鄉村地方來當作旅途的目的地，有時連地圖都不帶，沉浸在無法預期的樂趣裡，騎在海岸邊的舊路上探訪漁村，吃著當地人推薦的美味烤魚，或是停在農村裡的田間小路，一邊與正在工作的農夫們聊天，盡情享受著身為旅人的時間。

另外還有比較脫離常識的方式，那就是我偶爾也會穿著雨衣在下雨天時騎到完全沒看過的地方，不像一般人下雨天就不想出門。

享受過彎樂趣，以溫泉和美食為目標當然是騎乘旅遊的基本款，但未知的人、事、物，計畫之外的旅途也有不少的醍醐味。結果後來我有許多朋友也改騎休旅車款了，成年人的騎乘旅行，請一定要換個角度看看這個世界。

我的身高不是太高但又很喜歡騎超跑 有沒有解決辦法呢？

好不容易考取朝思暮想的大型重機駕照，但對於我這種小個子的女性騎士來說，所有憧憬的超跑車款的座高都太高了，連腳尖都搆不到地。可是我又不想放棄，有沒有什麼好方法呢？

可以先調預載看看

最新的超跑車款的確不管哪一台，座高都不太親民，身高在 160 ㎝以下的話，就算停車時努力把腰移到左側，腳尖可能還是搆不到地，但這絕對不是故意排擠小個子的族群，車廠要做出這種設計其實是有特別原因的。

首先最容易理解的就是為了壓車傾角，從 MotoGP 和 WSBK 的比賽就能看出現在壓車傾角深到可以磨肘過彎，這已經漸漸變成常態，那為什麼可以用著如此誇張的角度過彎呢？要歸功於最新款賽道專用輻射胎的進化，讓大幅度傾斜的摩托車也能有著強勁的抓地力可以銳利過彎，但要全傾角壓車的前提就是座位要有一定的高度，如果座高過低，那麼在過彎時會發現外側大腿和內側腳踏間的感覺不太對勁，導致地面與傾斜中的車身之間沒有足夠的空間讓騎士側掛。

再加上為了讓騎士可以有效地將體重加諸於後輪來激發出循跡力，這中間也運用了槓桿原理，讓騎士在轉換重心時，只需要些微的動作就能讓後輪擠壓地面，讓引擎的驅動力可以提高過彎時的迴旋力和穩定性，所以座高也希望能盡可能的提高。

超跑本來就是實際在比賽用的摩托車，為了忠實原汁原味，因此腳的著地性不會是公路騎乘時的優先考量。

周圍的人建議妳先騎比較小台的摩托車，比較不需要多花心思也能享受騎乘樂趣，其實是相當貼心的考量，我基本上也蠻贊成的。但不管怎麼樣就是想騎喜歡的車款，這種心情我也可以理解，這樣一來就必須多花點功夫來找尋對策。

這種騎姿戰鬥又過於前傾，完全是操作性能特化的超跑，坐墊本身就很薄了，所以沒有辦法靠削薄座墊來解決，要是把後避震的預載

也可以試著

縮短避震器的長度

為了提升腳的著地性，也可以試著縮短避震器的長度，但這需要精密的加工技術與設定方式，還是先向專業人士諮詢吧

超跑車款
座位較高的原因
其來有自

超跑車款基本上座高都會設定的比其他車款還高，這是為了確保壓車時還有空間讓騎士活動，以及可以讓體重的分配更有效率

因應車款不同
可以選擇低座高款式

除了超跑以外，ADV 大鳥車款的座高也有比較高的傾向，不過有些車款可以選擇低座高的版本，以 NC750X（LD）為例，低座高的車型會從 830 mm下降到 800 mm

調到最弱，如果腳就能著地的話還好說，但如果在停車時還是需要把腰部移往某一側，腳才能構到地板的話，就會增加立定轉倒的危險，初學者光應付這個就一個頭兩個大了，更別說還要熟悉摩托車的操作。

所以可以做的事情就是改造後避震，將後避震分解，把位於中心的軸切短，縮短全長，彈簧也需要一起依照比例削短，這樣一來應該就能得到可以兩腳著地的座高。

麻煩的是一旦改造之後，基本上對於原廠來說就等同於喪失保固身分，再加上要縮短避震聽起來簡單，但要切短高硬度的中軸心其實需要相當特殊的技術與經驗，而且不得不再強調一次，因為避震變短，整個車身的狀態也會隨之改變，這樣一來等於是違反原本的設計理念。不過對於初學者來說，也不太可能嘗試高速衝進彎道，然後減速切入的技巧，兩害相權取其輕，還是先解決腳無法搆到地面所產生的不安吧，等到漸漸熟悉愛車，也習慣了停車時先移動腰部讓單腳可以確實著地的技巧後，再把車高升回原本的高度，這樣對操駕技巧來說應該也有幫助。

但不管怎麼說，這不是隨便一個普通車行會願意接的案子，只有自己實地探訪，找尋專家後認真討論，相信也還是會找到出路的。

親自探訪 找尋願意接單 一起討論的專業店家吧

女孩子想要騎歐美的大型重機真的會很辛苦嗎？

有一位前輩跟我說女孩子會需要很辛苦才能習慣歐美製的大型重機先從好上手的日本車款開始比較好，可是不論是設計或是顏色我還是比較喜歡歐美車款的設計，對於女孩子來說真的很難騎嗎？

先學防止轉倒的操駕

女孩子在體格和體力上本來就比較不足，花了許多苦心學會怎麼騎檔車後，但又要再花許多時間習慣上路，但是騎上憧憬的車款一定是每位騎士的夢想，這種心情我也覺得非常重要，有時甚至是進步的原動力。

不過當問到歐美製的車款究竟哪個部分會讓人感到困難時，應該也是一知半解吧，歐美車廠林立，雖然不能一言以蔽之，那我就挑一些知道會比較有好處的方面來說明好了。

首先是座高，女孩子的體格也百百款，有些歐洲車廠就算開發出女性也能輕鬆騎乘的基本車款，但歐洲女子的體格還是比亞洲女孩子再高大一點，所以有些車廠會專對亞洲市場開發出坐墊更薄的款式，但無論如何，跨坐於車上時一定要讓單腳可以確實著地，如果覺得有點勉強的話，首先要調整後避震的預載，借此讓車高下降，如果還是不夠的話，就直接更換後避震或將其改造成更短一點的款式，這對於接下來要說的引擎特性和防止立定轉倒來說非常重要，千萬不要抱著船到橋頭自然直的輕率想法。

提到引擎特性，概括而論，歐洲車的引擎感覺上會比較有活力，轉開油門時的反應會比日本車還要靈敏，也就是只要稍微轉開一點油門就會感到強烈的加速度，這樣子很容易帶起騎士的警戒心，在起步時拉長半離合的時間，猶豫放開離合器拉桿的時機，讓引擎熄火導致立定轉倒的機率提高。

要想避免這種窘境，可以試著握住前煞拉桿、踩進一檔，並且讓離合器慢慢咬合，首先確實掌握離合器的拉桿放到哪一個位置會開始驅動摩托車，放到哪一個位置引擎會直接熄火，多重複幾次掌握手感。當實際起步時，只要離

超跑的座高較高

以攻略彎道為優先的超跑，為了壓車時的靈敏度和整體車身平衡，座高都會設定的比較高一些，看起來也最容易讓人心生怯意，但是花點功夫依舊可以上手

也有可以選擇低座墊的車款

如果是街車的話，因為不一定都以彎道性能為主，所以座高會相對低一點，有些車廠一開始就會引進低座墊的款式可以選擇，大幅提升置腳性

座高較低的美式機車

美式機車的座位高度通常都偏低，算是非常適合擔心置腳性的騎士的入門選擇，引擎在低速時很有樂趣，改裝也是醍醐味之一

A 有些車款真的要先做好心理準備

合器齒輪開始咬合，也就是還在半離合的狀態時就迅速補油並且馬上鬆開離合器拉桿，減少一邊半離合一邊催油門的狀態，而且因為是起步的關係，比較不容易暴衝，總之這個技巧是一定要先學會的。

當開始行駛之後，很多人會誤會歐洲車比較不好操駕，尤其是在市區中低速右彎或是髮夾彎時不像日本車那樣隨心所欲，所以轉彎時容易拉長半離合的時間，結果導致曲線外拋，其實當速度到達一定程度後，不論是日本車還是歐洲車都很穩定，這時可以試著切開離合器轉彎，感覺會比較輕盈。

最後就為什麼歐美車款會給人不適合初學者騎乘的感覺再做一點補充，這是因為適合初學者容易上手的車款，也就是操駕簡單的特性，在習慣了摩托車之後反而會覺得有點礙事。

如果引擎的特性是轉開油門時的反應比較溫和，那麼習慣之後對於小幅度的油門操控技巧會比較遲鈍，這對操駕技巧來說其實算是一種致命傷。

而油門反應靈敏，引擎感覺相當具有活力時，在操駕感上會比較輕盈，可是低速時的操駕就必須下一番功夫，這兩點是屬於對立面，以哪一種為優先，就必須犧牲掉另外一邊，魚與熊掌不能兼得。

但也不是說日本車就不好，應該是兩個國家所追求的目標不太一樣才演變成現在這個樣子。摩托車是一種興趣，每個人的喜好不同，當然中意的車款也不太一樣。

自己的騎乘速度太慢 不擅長與人一起出遊怎麼辦？

我很不喜歡和朋友一起騎車。和他們用著同樣速度行駛會讓我感到害怕，照著自己的方式騎又要讓別人一直等。但和朋友一起吃飯聊車經也是很有趣的事情，所以人家一邀約又忍不住答應了，有沒有好的建議呢？

不要勉強自己操駕

其實抱有同樣煩惱的騎士令人意外地所在多有喔，害怕脫隊會給別人添麻煩，勉強自己硬要跟上自己不習慣的速度，要注意危險常常就在這時發生。

我剛開始騎車的時候也是個常常慢一拍的騎士，在山路上行駛的時候，只要經過兩個彎道，就已經看不到同伴的車尾燈了，他們會在前方休息，等我一到了之後又馬上出發，結果變成我根本沒有時間休息，只能不間斷地騎車，與其說是給人添麻煩，倒不如說因為不有趣的關係，漸漸地就放棄和朋友騎車出遊了。常常一個人悠閒的單獨出遊，後來竟然變成創刊另一本騎乘旅遊雜誌的契機。

像這樣子的集團出遊，身為主辦人的速度管理和同伴間彼此照應的想法很重要，如果每個人自顧自地用著自己的速度拼命想趕到目的地，說起來也喪失了騎乘樂趣。

所以基本上我會建議配合速度較慢的騎士調整行駛方式，如果後面已經慢下來的話，最好是不要給人家被丟下來的孤獨感，或是把速度相近的人分配在前後也是考驗主辦人手腕的地方。

速度快的騎士可以和同樣速度的人分在一組，讓他們先騎到休息點等待後方的人，也是讓速度不同的騎士可以共同行動的方法。

不過速度快的人也要注

參加經銷商舉辦的車友活動

有些車行每年都有舉辦車友騎乘的活動，方式和頻率也各有不同，但都會在過程中輔助新手操駕，讓參加者皆大歡喜，可以選擇這種方式來體驗騎乘樂趣也不失為一個好方法

以自己可以感到安心享受樂趣的速度行駛

如果和同伴距離越拉越遠，也不要因為不安或是想爭一口氣而硬是將速度提升到不熟悉的領域，這樣非常危險，事先和朋友說明自己的騎乘速度，大家一起設想如何一起享受騎乘樂趣的方法

老手在騎車時應當照顧新手

在集團旅遊時，隊列的前後應該都會要有一個老手壓陣，調配整體的速度比較好，根據路線不同，也能在快速道路上講好自由行駛的路段，或是依照速度分組，讓每個人不論速度快慢都能安心享受騎乘樂趣

A 就算速度不同 也有許多方法可以 皆大歡喜

意不要讓脱隊的騎士產生壓力，這樣很容易不小心發生意外，騎上手的騎士也盡量不要自滿地拉開距離，最好是可以把自己當成先導車一樣探查前方路況，並且適時地利用手勢或藍芽通訊輔助後方騎士。

還有不得不強調的是就算處於隊伍的尾巴，也沒有必要焦急慌張，如果勉強自己提升速度，反而會增加事故的危險，一旦發生事故的話可不是只有讓朋友等這麼單純的麻煩而已，所以請保持自己舒服安心的速度就好，如果是和朋友一起騎車的話，應該是不會有人抱怨速度的問題，也不用覺得自己好像輸人一截，這點請放在心上。

本來在集團旅行出遊時，隊伍中如果有初學者的話，有經驗的人應該要輪流在隊伍最後方壓隊才是，我曾經受經銷商的邀約參加他們舉辦的車友活動，好的主辦單位會顧慮到隊伍中每個人的速度不同，分配任務到每個有經驗的活動人員上，確保每個參加者都能安心且愉快地享受騎乘樂趣，讓我也學了不少經驗運用在舉辦活動上。

像這樣子積極參加經銷商舉辦的活動，我個人認為也是享受騎乘樂趣的一種方法，有機會的話可以多嘗試看看。

有沒有推薦的旅遊路線呢？有的話請教教我

又到了春暖花開的季節了，聽說根本先生在以前有一段時期常常出門旅遊。據說也是因為這樣才推出培俱人這本旅遊雜誌，那麼可以請推薦我幾條騎乘旅遊的路線嗎？

多方面地體驗騎車樂趣

冬天時如果只有冷的話，那咬著牙，穿著好一點的裝備還能出去騎乘重機，可是這一陣子不是下雨就是下雪，根本沒辦法好好享受騎乘樂趣，感覺也堆積了不少壓力，不過春天就快要到來了，不論是溫泉路線或是探訪美味海鮮的路線，各位應該都會抱持著不同的目的，尋找以前從未踏足過的景點，其實煩惱旅遊行程其實也是樂趣之一，我是覺得可以挑戰不同的出遊主題，所獲得的新鮮感是無法同日而語的。

關於我所推薦的路線，當初在培俱人創刊時是以地區為主軸的企劃刊載在雜誌上，所以這次與其說介紹路線，不如來聊聊如何選擇還沒去過的地區。

首先是挑戰型，如果已經會常常挑戰當日200公里來回的話，可以試著延伸到300公里，或是兩天一夜400～500公里，不習慣的時候可能會覺得有點辛苦，但隨著距離增加，應該也會踏足到從未接觸的地方，如果覺得要騎那麼久才能到新的地點很麻煩的話，那麼一開始可以先利用快速道路大幅度增加距離，之後就能來到以往沒有走過的山路或海邊。如果老是利用山路移動的話，常常會覺得山景都大同小異吧，那麼可以試著利用觀光景點介紹手冊去知名的老街，這些老街通常都必須翻山越嶺才會抵達，然後在附近找路線繞一繞，會讓騎乘風格更具有在地性，也有不一樣的樂趣。

下一個就是不嚴密地規劃路線的隨遇而安型，這個方式在姊妹誌上都曾經介紹過，算是我比較喜歡的方式，舉例來說，如果在旅程的歸途或是通勤的途中看到遠方的山麓中有個小村莊時，就在地圖上確認地點後出發，

進入不熟悉的地區前

記得要先加滿油

雖然現在已經是只要利用網路就能簡單搜尋情報的便利世界，但如果旅途中會進入山區的話，還是記得先確認還有多少油吧，有些地方的加油站假日是不營業的喔

目標從未踏足的區域
挑戰增加行駛距離

如果要利用有限的假日騎乘出遊時，路線和地區很容易被束縛在某些固定地方，偶爾可以試著挑戰增加騎乘距離，先利用快速道路一口氣增加距離後，就能快速抵達新的地點，享受當地的風土民情

路線規劃無須太過嚴謹
隨心所欲地調整路線

假設在快速道路上發現遠方山林中有個小村莊時，就能以其為目標出發，有人煙的山路狀況應該不會太過惡劣，也能適度地享受山道樂趣，有時還能讓引擎熄火，享受大自然的靜謐感

A
探索不一樣的樂趣
挑戰新的路線
便能常保騎乘熱誠

為什麼要特地到有人煙的小村莊呢？雖然道路可能會太過狹窄，不過還是可以體驗到不錯的操駕樂趣，另外山間農村的生活其實就是和大自然的爭鬥，所以寺廟和神社可以說是驚人的壯觀，探訪這些地方，和當地民眾聊聊前所未見的話題，體驗如同流浪一般的旅行氛圍。

另外如果想在平常騎膩的山路中找點新鮮感的話，可以試著騎進路旁的鄉道裡，最近這些小路都已經有鋪設柏油路了，雖然路上可能充滿了枯枝和落葉，但一般摩托車只要不騎太快，應該還可以正常行駛，騎這樣的路線當然是無法享受攻彎樂趣，但是聽著樹林因風而搖曳的婆娑聲從四面八方環繞而來，在山間深處停車熄火，讓大自然洗滌繁雜的身靈，我個人是非常喜歡這種感覺。

大部分的騎士一但開始行駛之後就不想停車，不過除了加油和吃飯以外，稍作休憩，享受一下清新的空氣，也是增添新鮮感的好方式。

只不過這些地方不一定有加油站，或是根據地區的不同，營業時間亦不盡相同，我也曾經有過差點拋油錨而嚇出一身冷汗的經驗，進入山區之前請記得加滿油，避免在前不著村後不著店的地方求助無門。

就算是經驗豐富累積許多資料的車廠開發比賽用廠車還是很困難嗎？

RC213V 的廠車剖析中提到中速域時的動力過強連 Marquez 都無法順利操駕 HONDA、YAMAHA、SUZUKI 等擁有豐富資料和經驗的車廠在開發廠車上也還是會有看不透的地方嗎？

嘗試前所未見的設計

現在 MotoGP 的世界是在過去所沒有的纖細操作中決定勝負，以一般的道路賽來說，想當然爾動力越強，擁有較高的最高時速和加速度的話就能佔到優勢，就算引擎的排氣量限制在 1000 cc，汽缸數限制在四汽缸以下，最新的點火科技也能將馬力衝到令人難以置信的 350ps，但是如果毫無準備的就將動力傳達至後輪時，也只會產生空轉，無法有效率地激發出最高時速和加速度，因此如何讓輪胎更容易抓住地面，驅動系統更安全容易地傳達動力等各式各樣的管理益發重要起來。

強勁的跑車就加裝了循跡力控制系統，可以在騎士過度轉開油門時避免後輪空轉，管理引擎動力輸出的一種系統，當初只是為了騎士的安全考量，減少在彎道中發生危險的 High Side 場面，現在則逐漸轉變成空轉時也能一定程度地控制摩托車，並且兼顧過彎時的循跡力，以激發出摩托車最大潛力為開發目標。

也就是說在轉開油門的瞬間，後輪可能產生空轉的時候，在這個間不容髮的瞬間激發出循跡力，讓摩托車可以依舊不損加速度地出彎，這時還需考量到點火間隔、引擎的脈動效果，總之最大的課題就是要盡可能地讓輪胎能夠壓咬住地面。

但是對於騎士而言，只要後輪不會打滑的話，當然可以持續轉開油門，只是又必須控制在不會打滑的範圍內，這中間就必須把扭力壓制在會讓空轉率飆升的臨界點之內，所以在中轉速域中如何讓動力完美地驅動摩托車對於工程師來說就是最困難的作業，這一瞬間的提升方式只要出錯，就會導致無意義的空轉。

而且接近戰又和一人獨跑的時候不同，需要調整迴旋時的取線，又要改變轉開油門的時機，所以會產生很大的差

動力過強

騎士不好操駕

車廠就算積累了許多經驗和資料，想要開發無時無刻都在進化的 MotoGP 廠車也不是件簡單的事情，2015 年賽季初期，Marquez 就因為中低轉速域的動力過強而陷入苦戰

車身和電子控制的微調
讓比賽偏向後期決勝負

MotoGP 的世界是在纖細的領域中決勝負，如何讓騎士更好操駕，並且戰勝對手就變成開發時最重要的課題之一，例如循跡力控制系統也會依照狀況不同而縝密調整，使比賽偏向在後期才能分出勝負

可以預測新的賽季是
混戰狀態

輪胎的供應商有時會更換，再加上電腦軟體統一規格後，出現許多難以預測的要素，可想而知賽季大多數都是相當白熱化的戰鬥，究竟哪一隊可以勝出呢？

就算有著龐大的資訊 許多部份還是近乎於賭博的未知領域

A

異。

Marquez 雖然在進彎的操作上無人能敵，但隨著 YAMAHA 勢力在 2014 年的賽季開始將廠車的開發目標轉移到更簡單地進彎後，優勢就慢慢縮小了，也不難想像 HONDA 為了挽回頹勢會打算提升中轉速域的循跡力反應，但也許是時間太趕了，導致車手無法適應也說不定。

不管怎麼說，想要讓輪胎在某種程度的打滑下也不會損及循跡力和加速的效率，箇中的容許範圍值會隨著彎道曲率的大小和路面溫度而產生變化，就算擁有再龐大的資料，只要使用新的引擎和新的輪胎後，許多部份還是近乎於賭博的未知領域。

所以在每個賽季都需要重複調整引擎特性和電子控制裝置，到了賽季後半段才逐漸成熟起來。

電子控制系統的中控電腦 ECU 的硬體已經統一規格，這次連軟體都必須統一的情況下，除了有助於減少廠隊和衛星車隊之間的差異外，也迫使大家必須更專注於提升引擎在這個纖細領域中的特性。

究竟哪一家車廠、哪一位騎士可以在這種微調中勝出呢？賽季前的測試常常都屬於混戰的情況，完全無法預測誰佔優勢，對於觀眾來說，也有助於提升觀戰時的興奮感，各位可以好好期待。

到底要不要換乘體積小且輕量化的摩托車呢？

最近發現在推自己的大型重機時越來越辛苦
覺得好像是時候換一台體積小、車重又輕的摩托車了
但是自尊和外觀的關係一直沒辦法下定決心……

學習省力的操控方式

我自己也曾經陷入過這種煩惱和迷惘之中，所以很能感同身受，行駛中可能還沒什麼問題，但隨著年齡的增長，旅途中打算停下來吃飯、休息，或是從車庫把摩托車推出等時候就會覺得身體好像已經漸漸負擔不了大型重機的重量和體積，所以有一個時期也會開始懷疑自己是否無法負荷大型重機的車重與體積了，為了還能繼續騎車，是不是應該換一台排氣量小、車重輕、便於移動的輕、中量級車款比較好，加上周圍的朋友也不乏發生因為車身重量而受傷的事情，更是讓我開始考慮換車是否可行。

但是仔細想想，300cc左右的輕量級車款究竟能否滿足自己對於騎乘樂趣的要求，所以我個人是認為有必要先探討看看自己的騎乘方式和需求會比較好。

不知道能不能當作參考，我先講講自己的經驗，當騎著輕量化的中排氣量摩托車時，因為引擎的馬力和扭力不足的關係，會習慣提高速度進彎，變得過度依賴前輪的抓地力，結果反而覺得更加危險，還是繼續騎回重量級的大型重機了。

而且遺憾的是，我喜歡的車款沒有一台是輕量化的款式，所以只好重新審視自己的移車方式。

首先在停車時的移動不要過急，不要想靠蠻力移動摩托車，利用體重對龍頭或是座墊施力，等到車身開始緩緩移動後再加強重量，這麼一來應該會感到比較輕鬆。除了餐廳的停車場，或是在路旁的停車的時候都要確認地面有無傾斜（為了排水性能著想，路邊有時會比較低一點），盡量以倒車的方式停車，這麼一來出發時就不用花體力推車，雖然好像是很理所當然的事情，以

不要用蠻力對抗重量
下點功夫就能倍感輕鬆

就算體力慢慢負荷不了，一定也還是想要繼續騎大型重機，多多嘗試不會對身體造成負擔的方式，例如推車的時候不要用蠻力，而是試著利用體重來讓摩托車慢慢移動

輕量化的義大利車款
重視行駛性能的設計

義大利的車款不少，提到跑車都給人輕量化且體積小的印象，雖然價格不太親民，不過卻能滿足騎士的佔有欲，但是車子都是以運動操駕為優先考量，所以購買前需要確認好車款的特性

改裝輕量級車款
符合自己的要求

300 cc左右的中量級車款最近相當熱門，也許可以選擇這個級距的摩托車，依自己的喜好改裝也有不小的樂趣，左圖是某年車展推出的 VTR CUSTOM CONCEPT，也許可以當作參考

A
讓操作時不會造成負擔的方法有多多研究的價值

前卻完全沒有注意到，一直到了年紀越來越大，要想辦法讓騎車時更輕鬆才會慢慢開始掌握這些小細節。

大多數人會覺得大型重機的動力好像有點太多了，這點我也有同感，不過就是因為有著充分的動力，稍微轉開油門車身就會直立，出彎擺正時激發出強大的循跡力，才能增添過彎時的醍醐味，想要享受大型重機的操駕樂趣時，首先並不是要對抗其重量或體積，而是如何讓自己毫無負擔的操駕，因此在許多地方都值得下功夫，大型重機只要一但開始行駛之後，強大的動力也會讓騎乘更輕鬆，不易疲憊。

當然換成輕量化、車重卻如同中型一般車的義大利車款也是值得推薦的選擇，可是輕量化都是為了讓運動性能更加銳利，摩托車的特性究竟適不適合自己就是個大問題，在購買前一定要親身試乘看看。

或是乾脆直接買300 cc左右的中量級車款，這也是一個相當不錯的決定，成年人的經濟狀況比較好，可以多花點預算在改裝上，這麼一來中量級的質感也會大幅上升，只要不要像我一樣因為動力下降就想要提高速度的話，應該可以得到繼續陪伴多年的好夥伴，不過話雖如此，還是一定得先試乘看看，自己的體驗比什麼都重要，這點是不會變的。

衛星導航比較好還是傳統地圖比較好？

現在騎摩托車的人大部分都會使用衛星導航，可是對於已經超過 55 歲的我來說，好不容易出一趟遠門，使用 3C 產品好像會讓旅遊沒有了特別的感覺根本先生在出遊時會使用衛星導航嗎？還是堅持使用傳統地圖呢？

各有優缺點

衛星導航派還是傳統地圖派嗎？我個人覺得騎乘旅遊的話還是地圖派比較有趣一點，順帶一提，開車的時候完全是衛星導航派，也曾經有過覺得自己在這個地區已經是熟到不行，為了迴避塞車，一邊想著「衛星導航在講什麼鬼東西」，一邊不照指示自己亂跑，結果迷路之後，現在已經完全依賴導航的建議了。

不過對於汽車來說，最大的用途是迅速且平順地到達目的地，衛星導航也很便利的關係，所以完全沒有抵抗能力。

但是騎車的話就不同了，以前在這個專欄也有觸及到類似的話題，我的騎乘旅遊方式首先都不會要求自己得一直拼命地騎車趕路，而是盡量選擇許多休息的地方，這時就能重新確認地圖。

當然也有嘗試過整個旅途都使用衛星導航，但老實說一邊騎車還要一邊確認有沒有照著指示路徑行走，會讓我的感官和集中力分散到其他地方，多少給我一點危險的印象，但是一旦迷路時就可以馬上確認現在位置，燃料不足的時候也能馬上找到最近的加油站，所以帶著手機的時候，我也不會刻意封印導航系統不用，現在最新的通信設備實在太方便了，基本上就和平常一樣的方式使用 3C 產品，除了比較不會疲勞之外，也有助於降低出遊時的風險。

但是之前也說過，對我來說摩托車騎乘旅遊的終極目的是看看從未踏足過的地點，享受流浪的刺激感，換句話說也就是感受不安的壓力，我覺得這點才算是騎乘旅遊的醍醐味。

畢竟騎著摩托車破風前進，一年當中除了幾個月最好的季節會令人倍感快意之外，多半時候不是太熱就是

觀察地圖

大略找出行車路線

就算是想要前往未知地點，也還是在事前先確認一下大略的行車路線吧，如果真的不小心迷路的話，再利用地圖或是衛星導航確認就可以了，或是直接向當地民眾問路也是旅途的樂趣之一

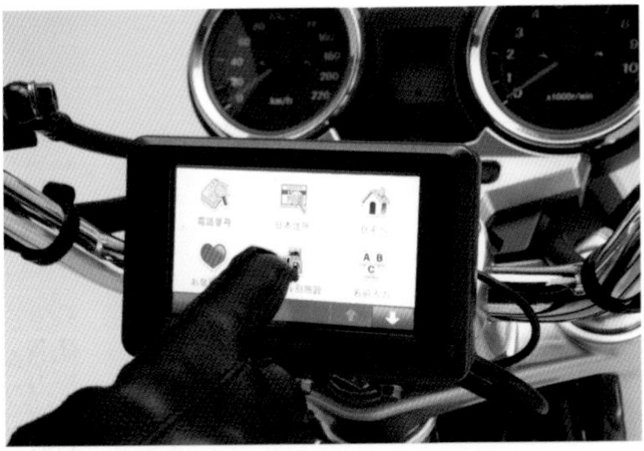

現在已經不可或缺的

電子 3C 產品

對於許多騎士來說，摩托車用的衛星導航或是智慧型手機的導航功能已經是不可或缺的道具之一，雖然這麼方便的東西不用很可惜，但過度依賴 3C 產品可能會錯過騎乘旅遊本來應該有的樂趣

前往未知的場所

體驗令人心動的旅遊醍醐味

前往從未踏足過的地方、尚未看過的土地也是旅遊的醍醐味之一，有明確目的地的旅遊雖然也很愉快，但是稍微帶點不安與期待的「流浪之旅」，絕對可以激發騎士的感性

A 如果是騎乘旅遊的話 也許算是個地圖派吧

太冷，稱不上是舒適的旅途，所以當費盡心思輾轉踏入新的地方，並且感受當地的風土民情，才有大老遠出門的價值不是嗎？

　前往未知的地方來一趟騎乘旅遊，可以花點時間利用地圖研究大略路線，但倘若想要更深刻地沉浸在沿途景色和村莊的魅力時，還是要多花一點時間繞路到當地市集、廟宇、景點，吃著從未想像過的食物，也就是享受自由自在無拘無束的時間，因此如果是單人旅遊為前提的話，其實我或許也不算是地圖派。

　現在網路發達，任何情報都能簡單取得，但實際用著自己的感官來體驗的景色，一定會比網路情報更能觸動心弦，就是因為摩托車是一種讓騎士暴露在大自然的載具，更能利用五感享受過程，也是令騎士欲罷不能的原因。

　當然，如果和同伴一同出遊時，大家如果沒有共識要來一趟毫無目的之旅的話，其實這種方式也會對彼此造成困擾，而就算是同樣喜歡騎乘樂趣，但對於騎太久身體會不舒服、容易累積疲勞的人來說，有效率地前往目的地反而會比較好，早早到達定點享受溫泉和海鮮料理，也是旅遊樂趣的一環，我自己也常常以此為目的出發，但通常這種方式所選擇的地點都應該已經去過好幾次了，這麼一來好像也不太需要地圖或是衛星導航……講了一堆好像沒有參考價值的東西，真是不好意思。

摩托車設計鬼才 Massimo Tamburini 是什麼樣的一個人呢？

從DUCATI916開始，他設計了許多炙手可熱的名車。只要掛上Tamburini的設計，總是令人相當好奇。聽說根本老大以前有直接和Tamburini先生面對面對談的經驗，到底是個什麼樣的人呢？

勇於實踐的人

第一次看到他的時候是1970年代，我正在各個國家巡迴參賽WGP，因為很少有隊伍會直接在PIT區切開車架和轉向三角台，然後重新焊接，所以印象非常深刻。從BIMOTA旗下許多搭載了日本製四缸引擎的夢幻車款、歷經CAGIVA的GP廠車設計，並運用當時得來的經驗孕育出DUCATI的916、還有各位所熟知的MV AGUSTA F4等，除了美麗的外表之外，更挑戰許多新穎設計的車款都是出自這位天才之手，不單只是車友，連其他工程師都稱羨不已。

各位應該也已經知道，Tamburini是因為興趣才逐漸變成車廠的人，但他骨子裡還是一個非常純正的愛車人，對摩托車的熱情無人能敵，敢於毫不猶豫地實踐自己的想法，構造簡單卻兼具完善的機能，持續追求摩托車的美學。

雖然Tamburini對英文不太擅長，但技術層面的東西只要現場看他實作大部分都能理解，不過他對於美學的堅持倒是直接傳達到我心中，而且只要聽著周遭的人闡述關於他的小故事，其實就能感到他對摩托車有著滿滿的愛和動力。

根據協同開發MV AGUSTA的年輕工程師們的說法，他在下班回家的時候，Tamburini會在試作中的F4前面不知道調整些什麼，隔天來上班的時候會常常看到Tamburini還是在摩托車前面，對於一直支持他的Castiglioni社長也說因為Tamburini極度追求完美，所以常常看不到開發結束的終點線，為此要說服他也需要花上不少功夫，這種不願妥協的精神，像是車身骨架設計，追求完美的操駕感，甚至是車身的小零件都講究其合理性和美感，一旦開始行

改變超跑概念的

DUCATI 916

DUCATI 916可說是讓Tamburini聲名遠播全球的契機，兩顆不對稱的頭燈、大幅拉高排氣管並埋進座位底下，還有單搖臂的設計，衍生出一股全新的超跑風潮

有摩托車界的鑽石之稱的 MV AGUSTA F4

MV AGUSTA 復活後發表的第一款車就是這台 F4，當然也是 Tamburini 親手設計，散發出的美感在推出時就被譽為「摩托車界的鑽石」，讓全世界的車迷無法移開目光

偉大的天才遺留的最後作品

在 2014 年逝世的 Tamburini 於生前所設計的最後一台車款就是文中提到的「T12 Massimo」，完全不考慮任何市售車的限制，灌注了 Tamburini 對於理想的所有追求，由兒子繼承其夢想將這台車公諸於世

A 嘗試所有想法 追求機能和簡單的設計

駛就有著無與倫比的人車一體感，對於在攝影時需要拆下導流罩的我們更是感同身受，過程中總是不斷讚嘆其精美的巧思。

T12搭載了BMW的引擎，並且做為他的遺作公諸於世也是最近的事情，雖然還沒看到實車，沒辦法下正確的評論，但是從照片上可以看出應該是汲取F4的經驗並且將其進化的款式，繼承了F4和916的單搖臂，因為和雙搖臂比起來和後輪輪轂的接觸面積有限，所以必須要用大口徑的輪轂來固定，有一部分的人會覺得單搖臂會讓左右不對稱，可就算是雙搖臂，鍊條和排氣管的設計一樣會讓左右無法對稱，所以只要優先確保剛性，然後利用形狀來緩衝左右扭動的反作用力時，反而讓人不能理解為什麼單搖臂是種缺點，冷靜想想，也許他的方式才是正解，為什麼HONDA要放棄這個做法呢？令人越來越難以理解。

最新款的輪胎已經進化成可以更細膩地追隨路面，抓地時產生的反作用力不一定都是朝著後避震的正方向移動讓其可以準確地上下吸收衝擊，這也是讓避震無法順利作動的原因，最簡單的解決方法就是了解實際應力的方向，並且做出可以應對的設計，Tamburini最後到底會用什麼方式來解決這個問題呢？一想到一定會是台極度輕量化和避震運作平順的車款，心中就興起一股想體驗的衝動，真是令人期待。

行駛於氣溫炎熱的盛夏時有什麼需要注意的地方嗎？

今年就算比較熱一點，也想要盡可能地增加騎車的機會。但按照去年的經驗看來，一到了下午身體就會過於疲累，情緒也不佳，隔天的疲勞感也很嚴重請教教我在夏天騎車時需要注意些什麼地方？

補充水分最重要

梅雨季節再過一個月左右，氣候就會切換成極為炎熱的盛夏，雖然連續放晴的日子令人開心，但如同讀者所説的，伴隨而來的風險也相當多。

首先最重要的不用我説，大家也知道是預防中暑，最直接的方法就是持續補充水分，包含我在內，許多中年人年輕的時候常聽人説運動時補充水分表示自己沒有毅力，再加上要依直持續補充大量水分也有點麻煩，喝沒幾口後肚子就脹脹的關係，所以不習慣頻繁地補充水分，這個需要靠平日多練習，不要等到喉嚨覺得乾了之後才喝水，最好能養成固定時間喝茶或喝水的習慣，可以的話盡量採許少量多飲的方式，習慣之後滿腹感也不會那麼快到來。

前一陣子剛好有機會在夏天來一趟中長距離的旅遊，高掛在天空的艷陽可不是開玩笑的，本來是一個小時休息一次，仔細考量過後改成半小時休息一次兼水分補給，而且盡量找便利商店休息，與其特地把水裝在保溫壺裡，還不如將車停下，走進便利商店，花點時間選擇喜歡的寶特瓶礦泉水，順便讓空調冷卻一下身體，盡量在走回摩托車前就把水喝光，然後在到下一個便利商店重複同樣的事情，停下來休息的勇氣也算是盛夏騎車最大的課題。

如果説要怎麼樣判斷身體已經不敵炎熱的天氣的話，可以看看是否會在一般道路上停紅綠燈時感到痛苦，行駛時視線只會看比較近的地方，而非放在遠處，或是在快速道路上時一瞬間被睡魔襲擊的話，就代表身體亮起紅燈了，請盡快找陰涼處或是最近的便利商店休息一陣。

雖然説等到身體出問題

夏天時 30 分鐘休息一次
勤加補充水分

氣溫較高的日子需要注意的地方就是預防中暑了，對策就是不要忘記持續攝取水分，旅途的時候很容易會長時間一直行駛，但如果氣溫高於 30 度的時候最好還是半個鐘頭到便利商店進行水分補給會比較好

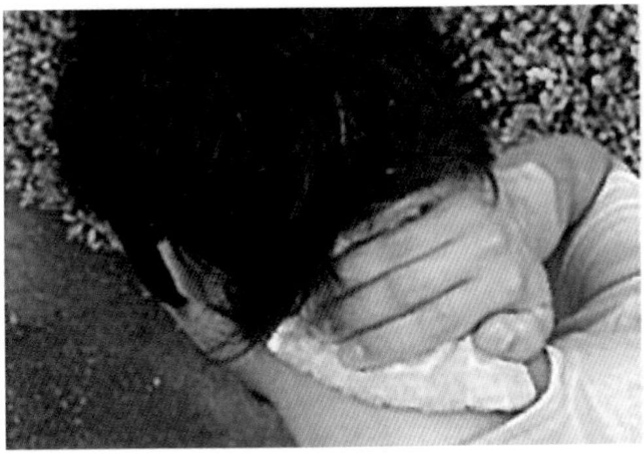

在身體狀況變糟之前 可以先冰敷脖子後面

休息的時候可以將在便利商店買的寶特瓶飲料或是濕毛巾敷在脖子後方，對長時間日曬的地方降溫，如果感覺不太好的話，不要勉強硬撐，拉長休息時間吧

在高山裡騎車 也有許多需要注意的地方

通過濕氣蒸溽的平地來到涼爽的高山時，一定會覺得舒暢愉快，雖然可以理解這種心情，但如過於努力持續行駛的話，一回過神來就會發現非常疲憊，所以必須要冷靜判斷現況

隨時做好水分補給 有時也要做好放棄的打算

A

才要休息的話就已經來不及了，但剛開始出現症狀的時候就停車買一瓶冰的飲料，將其敷在脖子後方來減緩行駛時持續被太陽直射的痛苦，能有效降溫，對於減緩症狀也有不錯的效果。

　而且在盛夏中行駛時，其實身體會比想像中的還緊張，因此下車後也可以做一些拉筋伸展的運動，雖然好像是冬天不可不做的事情，但夏天也別忘了藉此減緩身體的緊張。

　雖然知道這些小知識，但想趕在疲勞前趕快到達目的地，或是想要早點回家的心情太過強烈時，會不想休息補充水分而長時間連續行駛導致事態惡化，這種經驗相信是誰都不想體驗的吧。

　煩躁和焦慮就是騎乘摩托車時最大的敵人，我也曾因為這樣轉倒，現在回想起來，幸好當時沒出什麼大事，像這樣子的窘境不知道體驗了多少次。

　在涼爽的山裡攻略彎道時，其實意外地會比想像中還疲累，因為終於來到比較舒服的地方就會忘記休息，身上的汗會變涼黏在身上，最初是蠻舒服的，但久了之後就會出現像在冷氣房待久的疲勞感。

　所以天氣如果真的太熱的話，中年以上的騎士還是要把放棄出遊當作其中一個選項會比較好，可以舒適騎乘的季節較短是摩托車的宿命，如果要當作一種重要的樂趣來體驗的話，也要有相對應的覺悟才是

MotoGP 賽事中因為前輪打滑而轉倒的場面是不是越來越多了？

這是因為輪胎供應商不同的關係嗎？如果是這樣的話，就代表輪胎所帶來的感覺會因為廠牌不同有極大的差異？實際情況真的這麼嚴苛嗎？

每家廠商的特性不一樣

MotoGP 和 WSBK 的比賽會指定使用某一廠牌的輪胎，MotoGP 輪胎供應商前幾年由原本的 BRIDGESTONE（普利司通）換成 MICHELIN（米其林）。

以結果來說，從前輪開始打滑而轉倒的場面的確變多了也是事實，而且也有車手反映前輪會毫無徵兆地突然打滑。

所以讀者常常會看到本來一路領先的騎士，狀態看似絕佳，但是卻在某一個最不可能轉倒的地方轉倒了，就連騎士起身之後也是一副丈二金剛摸不著頭腦的樣子，於是許多人就會將這個問題歸咎在更換輪胎供應廠商身上。

但也不能因為這樣就要斷定 MICHELIN 的水準較其他廠牌還要低，也有許多賽道在更換輪胎後更新了單圈最快秒數，而且更應該注意的是多了許多車手和車廠在領先集團爭奪地位，帶來多彩多姿的比賽過程，連衛星車隊都有一爭之力。

也就是說，以前所使用的頂尖輪胎只能讓有限的騎士和廠車得到優勢，今年的輪胎對應範圍更廣，所以車廠彼此間的差異比較小，就這個層面來說，絕對不能說 MICHELIN 輪胎的潛力較差。

只不過每位騎士的操駕方式都不盡相同，也曾經看過頂尖騎士在比賽序盤就毫無反應能力地從前輪轉倒的場面，再加上廠車馬力已經高達 300PS 的現代，在彎道中油門全閉的時間也逐漸拉長，也就是說現在的操駕方式逐漸偏向到彎道的後半段才開始轉開油門加速，對於原本已經習慣了 BRIDGESTONE 的選手來說，也許是因為熟悉 MICHELIN 的時間還不夠，才導致出現許多遺憾的場面。

以這個例子就能發現，

更換輪胎時可以選擇較多 OEM 代工的廠牌

因為每個廠牌的輪胎特性都截然不同，更換的時候一定會希望可以各家不同廠商的輪胎，並且按照自己的喜好選擇。但如果對於選擇輪胎感到苦惱或不安時，基本上選擇原廠 OEM 輪胎或是 OEM 的品牌基本上不會有太大的問題

輪胎的廠牌不同
特性也有極大的差異

2016 年的 MotoGP 輪胎供應商從原本的 MICHELIN 變成 BRIDGESTONE，加上前後輪框的尺寸也從 16.5 擴大到 17 吋也會有極大的影響，每個廠牌的輪胎都有其特性，騎士們還沒完全掌握新輪胎的特性就是轉倒頻率增加的理由之一

現代的跑旅胎
值得推薦使用

如果愛車配有的是高等級熱熔胎時，其實還蠻推薦下一顆選用跑旅胎，現在的跑旅胎已經有著不輸給舊款熱熔胎的性能，但是騎乘的舒適度、排水性能以及在公路上使用的便利性都優於熱熔胎

A 只不過是還沒有熟悉不同廠牌間的差異而已

輪胎的特性會因為廠牌不同而有極大的變化，而且是很明顯到不會讓人兩者好像很類似，如果這位讀者有機會換輪胎廠牌的話，應該會有相當吃驚的發現。

但是話又說回來，一般來說很少會有機會可以讓人可以試乘比較輪胎的差異再來選購。

那麼當愛車的輪胎磨得差不多、準備更換新的輪胎時，究竟該怎麼選擇比較好呢？最保險的做法當然是選擇當年出廠時，輪胎廠商為車廠OEM代工的款式，但是經過了數年，當時使用的輪胎已經停產的場合也不少，如果是這種狀況的話，就使用其他車廠替同類型車款選擇的廠牌比較好。

摩托車廠大多也會選擇市場評價比較好的廠牌來做OEM代工，這樣一來就可以選到整體性能較為平衡的輪胎。

如果愛車裝設的是高等級的熱熔胎時，可以試著換成最新的休旅胎，千萬不要覺得這是降級，近年來突飛猛進的旅跑胎，除了抓地力可以媲美以前的熱熔胎之外，選用的材質就算在冬天，對於工作溫度的要求也比較低，加上有著熱熔胎無法望其項背的耐磨度以及壽命，以安全性和C/P值來說，現在絕對是入手的好時機。

對於工作溫度依賴低的好處就是不論是哪種季節和地面狀況都能發揮出水準以上的抓地力，請一定要嘗試看看。

有罩的街車會比較好嗎？

因為在長距離旅行中的疲勞感越來越劇烈，最近突然開始在意起有導流罩的街車款式。該不會真的和年齡有關吧。街車本來是風格和使用便利性最適合我的款式，但考量到最喜歡的長途旅遊，是不是該換有罩的款式比較好呢？

長途旅遊值得推薦

不管怎麼說，我也覺得沒有導流罩，僅用最簡單的設計，有著最純粹的外觀，被稱作為街車的款式才是摩托車的原點，其實我最新的一台摩托車也是所謂的街車。但是有罩無罩哪一種比較好，應該永遠都不會有答案吧。畢竟這算是個人喜好的問題，先不論適不適合拿來騎乘旅遊，只喜歡跑車的人中也還是有人可以忍受戰鬥的騎乘姿勢，把跑車拿來當旅遊車款使用。

話說回來，如果是長距離旅遊或是長時間在快速道路上巡航的話，那麼有導流罩的車款可以有效地減輕風壓所帶來的衝擊，大幅度地左右騎乘時所感受到的疲勞度，這點的確非常有感，相較於無罩的街車來說，有罩的休旅車款可以大幅度延遲感受到疲累的時間，間接提升了巡航距離，也讓騎士願意越騎越遠。雖然在夏天可能因此會有覺得熱到受不了的反效果，但對於冬天來說，這種防風的性能不論是防寒效果或是減輕疲勞的功能都不能受輕視。

因此，如果是正統的旅遊派騎士，大部分時間都在騎乘旅遊的話，那麼還是推薦有設計導流罩的旅遊用街車，這類型的摩托車都還能加裝馬鞍箱或行李廂等各式各樣的旅遊裝備，當騎乘在導流罩造型或是整體機能的搭配都為了旅遊而專門設計的摩托車時，不論是長距離或長時間騎乘下來的疲勞度，或是引擎特性和懸吊特性，與一般的無罩街車相比，一定能夠感受到極大的性能差異。

但也不代表有罩街車完全沒有缺點，多加上去的導流罩也會增加一定的車重，當到了一定年齡之後，可能會覺得推車移動時相當辛苦，所以最好是到展示間

休旅車款

可以壓倒性的減輕疲勞

有罩車款的最大優點就是可以減輕長距離騎乘時的疲勞，有些款式還加裝了可動式風鏡，能更舒服地享受旅遊樂趣，但是缺點就是因為加裝了導流罩的關係，車重增加，推車移動時會感到沉重

街車款式

則能享受暢快的樂趣

最具有摩托車風格的街車，最大的魅力就是不論市區或是旅遊都能享受到樂趣，也不會妨礙視線，開放感是街車所無法捨棄的優點，可以一邊享受絕妙的景致一邊騎車

配合自己的旅遊需求

找尋最適合的車款

每個人選擇摩托車的方式都不同，舉例來說，如果以旅遊為主體時，最好是可以配合旅遊方式還選擇愛車，長距離或短距離，如果日常生活也要使用時最好也將這點考慮進去

A 以旅遊為主體的話的確會比較推薦有罩街車但是喜好也是重點……

實際看看摩托車適不適合自己，如果有試乘車可以試騎看看的話更好，根據車款不同，車重和車身的尺寸也會有極大的差異，在選購上請務必慎重考慮。

上面講了那麼多好處，那麼為什麼我還是買了無罩街車呢？雖然有一段很長的時間騎乘裝有導流罩的旅遊款式，但最近工作實在太忙，一直沒有機會騎到可以稱作為旅遊的距離，但如果只是想要稍微晃一下時，專為旅遊打造的車款在路上就非常辛苦了，騎著休旅車款在附近晃兩圈回來後既沒有享受到騎車的醍醐味，反而還覺得壓力增加了。

所以可以毫無負擔的說走就走，有著全方位性能，在任何時段環境上都可以有一席之地的街車就是不錯的選擇。

但這樣也不是說短距離的就選街車，長途騎乘時街車就沒有優點了，無罩街車可以享受前方沒有被遮蔽的100%美景，不管是騎乘姿勢或是摩托車的感覺都相當舒適，再加上推車或是在市區穿梭時也能比較輕鬆，優點還是不少。

雖然說在寒冷的冬天的確不太適合騎街車，不過其實把街車拿來長途旅遊還是可以皆大歡喜。

在已經習慣的山路上慢慢感到風險的話 該以什麼樣的目標行駛才安全呢？

我最喜歡攻略彎道了，尤其是在迴旋中激發循跡力來豪爽的出彎擺正真是令人欲罷不能。但卻發現感到危險的時候也增加了，該克制一點了嗎？可是沒有滿足感的話，騎起車來又不有趣，該如何避免風險又能享受過彎樂趣呢？

找尋不同的醍醐味

現在的跑車動力越來越大，再加上低轉時的反應良好，引擎特性上也有助於激發循跡力，甚至還多了循跡力控制系統，都顯示著越來越具有攻略彎道的潛力。

用這種高端的跑車來攻略公路時會發生什麼事呢？用著比賽時才會看到的深度壓車、將輪胎使用到極限，沉浸在抓地感中一口氣轉開油門，這些動作雖然不再只是夢想，但就如同這位讀者所說，的確也會一直伴隨著高風險。

如果說喜歡性能所帶來的快感時，那麼不如請直接到賽道裡吧。理由想必也不需要我多花時間解釋，大家應該都已經知道。

除此之外真的沒有其他辦法了嗎……？如果有自制力為前提的話，不以飆車貨速度為優先時，倒是可以試看看保持安全空間，調整避震器等讓摩托車更適合自己操駕，請務必嘗試看看。

騎乘講座也常常提到，基本上高端跑車的原廠懸吊設定並不適合一般道路使用，所以首先可以把後輪和前輪的回彈側阻尼一口氣調弱，就算調到最弱也無妨，因為在時速不會破百的山路中，基本上不可能因為阻尼太弱的關係而出現危險。

這樣一來在左右移動時應該會感到摩托車變得更輕快，而且壓車切入時也會明顯感覺到所需時間變短，懸吊太硬的時候這些感觸都會變得模糊，所以把阻尼調軟的話避震器的作動也會比較快速。

當可以穩定進入迴旋階段時，就可以刻意在低轉速時大幅度轉開油門看看，感受一下輪胎咬住路面到產生循跡力中間需要多少時間？這個間隔會不會因為油門的開度和轉開油門的速度不同而改變？

將愛車調整成
更適合自己的設定

在公路上行駛時最大的前提是保持安全的空間，為了要實現這點就必須要懸吊的避震設定更貼近自己的需求，但一般來說，原廠的設定還需要考慮許多狀況後取一個中間值，所以請先將回彈側的阻尼調弱吧

找到用較淺的傾角
也能順利轉彎的特性

調整懸吊的主要目的是讓摩托車用較淺的傾角也能順利過彎，因為過彎性能不一定和壓車傾角成正比，重要的是正確地擠壓輪胎，才能增加循跡力，帶來更有樂趣的過彎享受

在壓車切入的過程中
騎士的體重是否能和摩托車的動作同步

車身在傾斜的過程中，騎士的重心是否能跟車身的動作同步，這點和迴避風險及保持安全空間有極大的關聯，如果以這點為目標的話，就算不用騎太快，也能提升行駛時的滿足感

以迴避風險為前提享樂

接下來可以試著調弱預載的設定看看，就能更清楚感受到發揮循跡力為止間的時間差和反應的強度，接下來就會有兩種分歧，一種是適合髮夾彎比較多的山道或是適合中速彎、曲率也不大的山路，這時就可以看自己喜歡在哪一種彎道中獲得成就感來調整設定。

這時最重要的是學習不用太深的壓車傾角也能過彎的方式，轉彎能力其實並不是和壓車傾角成正比，只要正確擠壓輪胎的話，也能發揮出比壓車傾角還要多的抓地力（因為內部的纖維構造受到負重的影響產生良好的反作用力，進而提高抓地力），反而可以發揮出更強勁的轉向性能。

這麼一來各位一定會覺得那麼收縮側阻尼該怎麼調整呢？收縮側主要在控制運動性的節奏，以及上下移動時的負重變動，當然調整的話一定會感受到差異，但是卻不像大多數人認為地和調整收縮速度有關，所以首先還是先了解回彈側阻尼的差異會比較好，而事實上主要還是靠回彈側阻尼來調整收縮側的速度。

而且最重要的是，這樣子調整懸吊系統之後，當騎士在移動重心的時候，摩托車回饋的反應也會更加同步，簡單來說就是人車一體感會更高。

就算是MotoGP的廠車設定上也以安全範圍為主，所以如何讓提升獲得滿足感的時光，又能在發生萬一的時候可以隨機應變，既能找到自己的醒醐味，又可以迴避風險，就是享受最新高端車款的方式吧。

流行騎士系列叢書

高手過招
重機疑難雜症諮詢室 2

作　　者：根本健
譯　　者：何宥緯、張健鴻
文字編輯：倪世峰
美術編輯：林守恩
發 行 人：王淑媚
出版發行：菁華出版社
地　　址：台北市 106 延吉街 233 巷 3 號 6 樓
電　　話：(02)2703-6108
社　　長：陳又新
發 行 部：黃清泰
訂購電話：(02)2703-6108#230
劃撥帳號：11558748

印　　刷：科樂印刷事業股份有限公司
(02)2223-5783
http://www.kolor.com.tw/site/

定　　價：新台幣 350 元
版　　次：2019 年 3 月初版

ISBN：978-986-96078-4-1
Printed in Taiwan

TOP RIDER

流行騎士系列叢書